U0353889

国家自然科学基金项目(52004150)资助
山东省自然科学基金项目(ZR2019BEE067)资助
山东科技大学杰出青年人才支持计划项目（SKR22-5-01)资助

# 喷嘴内外流场雾化特性及尘雾耦合降尘试验研究

徐翠翠　周　刚　张　琦　著

中国矿业大学出版社
·徐州·

**图书在版编目(CIP)数据**

喷嘴内外流场雾化特性及尘雾耦合降尘试验研究 / 徐翠翠,周刚,张琦著. —徐州 :中国矿业大学出版社, 2022.6

ISBN 978-7-5646-5411-5

Ⅰ. ①喷… Ⅱ. ①徐… ②周… ③张… Ⅲ. ①喷嘴—雾化—作用—煤尘—防尘—试验—研究 Ⅳ. ①TD714-33

中国版本图书馆CIP数据核字(2022)第094232号

**书　　名**　喷嘴内外流场雾化特性及尘雾耦合降尘试验研究

**著　　者**　徐翠翠　周　刚　张　琦

**责任编辑**　褚建萍

**出版发行**　中国矿业大学出版社有限责任公司

(江苏省徐州市解放南路　邮编 221008)

**营销热线**　(0516)83884103　83885105

**出版服务**　(0516)83995789　83884920

**网　　址**　http://www.cumtp.com　**E-mail**:cumtpvip@cumtp.com

**印　　刷**　江苏凤凰数码印务有限公司

**开　　本**　787 mm×1092 mm　1/16　**印张** 8.5　**字数** 167 千字

**版次印次**　2022年6月第1版　2022年6月第1次印刷

**定　　价**　38.00元

# 前 言

近百年来，我国在复杂地质条件下的煤炭开采理论、技术和装备方面取得了举世瞩目的成就，特别是综合采掘机械化水平大幅提高，煤炭安全高效开采达到了世界领先水平。随着我国煤矿采掘机械化水平提高，作业产尘量也成倍增加。井下高浓度粉尘的危害主要表现在两个方面：一是导致尘肺病，危害矿工的身体健康；二是粉尘浓度达到一定值时，容易引发瓦斯与煤尘爆炸。因此，降低煤矿井下工作面粉尘浓度和减少呼吸性粉尘的危害已成为煤矿安全生产亟待解决的难题。

粉尘防治技术主要包括：通风除尘、喷雾降尘、煤层注水、泡沫除尘、除尘器捕尘以及个体防护等。喷雾降尘技术在降尘方面具有简便、经济等优点，是我国煤矿井下控制粉尘浓度的主要措施。而当前，现场除尘系统设计、除尘设备布置、除尘参数匹配等方面均存在不合理性，不能达到最优的降尘效果，并且导致工作面环境恶劣。煤矿喷雾降尘系统主要由喷嘴、泵组、管路、控制阀以及过滤器等组成，而其关键部件就是喷嘴，喷嘴性能好坏直接关系到实际降尘效果。本书针对现阶段矿用喷嘴雾化效果不理想的问题，选择综采工作面广泛应用的旋芯式压力喷嘴为研究对象，采用数值模拟、室内试验和现场试验相结合的方法系统研究了该类型喷嘴的雾化及降尘特性。本书一共包括五个部分：射流雾化理论基础及喷嘴结构、喷嘴内部流场数值模拟及分析、雾场粒度-速度联合分布特性研究、尘雾耦合降尘的试验研究、综采工作面喷雾降尘系统改进与现场应用。上述成果对于提高井下矿工的职业安全健康程度和指导矿山企业的安全生产具有重要的理论意义和实用价值。

本书在编写过程中借鉴了同类专著、文献的优点，广泛收集和参阅了国内外有关资料和文献，在此向参阅资料和文献的作者致以谢意！虽然作者在本书的编写中力求叙述准确、完善，但由于水平有限，书中欠妥之处在所难免，希望各位读者和同仁能够及时指出，共同促进本书质量的提高。

最后再次希望本书能为从事相关领域工作的学者及其他科研人员提供学习或工作上的帮助！

**著 者**

2022 年 1 月

# 目　录

# 1 绪 论

## 1.1 概述

煤矿粉尘产生于开采、掘进、回采和运输等各个生产过程，随着机械自动化技术的发展，各个环节的产尘强度和作业环境中的粉尘浓度越来越大[1-3]。其中综采（综合机械化采煤）工作面是井下产尘量最大的尘源，综采产生的粉尘占矿井整体粉尘量的60%～80%[4]。为了解决综采工作面粉尘浓度居高不下的问题，国内外科研工作者和工程技术人员主要开展两方面的工作：一是通过改进采煤机结构、支架结构等方法减少粉尘的产生[5-7]；二是使用水抑尘或其他物理化学方法进行降尘处理[8,9]。其中，喷雾降尘是综采工作面应用最早，也是目前应用最广泛、最有效的一项防尘技术措施。

近年来，我国针对喷雾降尘技术进行了工艺改进，提出了负压二次降尘技术[10]、自吸喷雾磁化降尘技术[11]、液压支架移架自动喷雾降尘技术[12]等防尘措施。负压二次降尘技术的原理：利用喷雾后的水雾活塞、卷吸等作用形成负压场，将粉尘吸入喷雾场，并有效提高了单位耗水量的降尘效率。自吸喷雾磁化降尘技术将自吸喷雾与喷雾磁化结合起来，将喷嘴安装在文氏吸风管中，使雾滴在吸入气体的作用下继续破碎，与此同时，磁场对喷雾进行磁化，使得雾化效果进一步提高。液压支架移架自动喷雾降尘技术的原理：液压支架降柱时，降柱液路中分出一股乳化液，进入联动阀阀座的降柱液孔后通向第一单向阀，推动阀芯前移，沟通单向阀液路；此液路又通向第二液路，打开第二单向阀，乳化液通过并推动活塞前进，顶开水路单向阀阀芯，接通喷雾水，支架各喷嘴开始喷雾。这些技术的改进提高了降尘效率，但在现场通常会看到这样一种现象：消耗了大量的水，粉尘浓度依旧很高，工作面上有大量积水，对生产造成不利。这说明喷雾降尘的效果往往不尽如人意，仍然远远超出国家标准的相关规定。

喷雾降尘方法比其他任何方法都适应煤矿井下生产的恶劣环境。为适应现代采矿工业发展，建立安全、清洁的工作环境，并且实现对粉尘的科学有效控制，需要深入研究这项技术，使之达到低耗高效降尘的目的。因此，不管从保障矿山企业安全生产角度考虑，还是从保护作业人员职业安全健康角度考虑，以及国家影响力的角度考虑，研究综采面粉尘防治技术，降低工作面粉尘浓度，对于改善作业地点的作业环境、保护煤矿工人的职业健康、保障煤矿企业的安全生产都具有重大的社会价值与实践意义。

## 1.2 国内外研究现状及存在问题

### 1.2.1 喷雾降尘技术的研究现状

现阶段,综采工作面大多采用喷雾降尘技术防治粉尘,并且多数采用高压提高降尘效率。高压喷雾降尘技术在美国、德国等国家应用较早[13-16]。而我国最早开展此方面研究的是煤炭科学研究总院重庆分院[17],并在乌兰煤矿进行了应用,现场实测采煤机司机处的降尘效率可达94%。虽然高压喷雾可提高降尘效率,但高压喷雾时会引起风流扰动粉尘,导致二次扬尘。为此,需要调整喷嘴安装位置、喷雾压力和流量等。美国矿业局进行了大量的试验与研究[18],研制出了滚筒采煤机新型外喷雾净化装置,使含尘气流和新鲜风流分道运行,克服了传统外喷雾系统逆风喷雾时所产生的涡流效应。

喷嘴作为喷雾降尘系统中的关键核心元器件,是雾化的执行者,直接关系到雾场特性,进而影响到实际的降尘效果,因此,喷嘴喷雾的形式与参数是一个值得深入探究的问题。各个国家针对各产尘工序设计和研制了专用的各类型喷嘴,可以应付多种工况。例如,Faeth等[19]对不同气、液压力下喷嘴的雾化角和流量进行了研究,给出了空间上索特平均直径的横、纵向分布,并以此为基础研制了一种新型喷嘴。马素平等[20]考虑到煤矿井下水中杂质较多,易造成喷嘴内部堵塞的问题,设计了一款可拆卸喷嘴,为喷嘴发生堵塞时清理提供方便。李明忠等[21]设计了一种利用导流孔实现水流螺旋混流的新型喷嘴,提出了影响喷嘴雾化效果的关键参数:水流入射角度、喷嘴腔体长径比和喷嘴出流直径,运用有限元仿真分析的方法对以上参数的影响效果进行了仿真研究。吴琼[22]设计出了新型的旋流片喷嘴,从而改善了水流进入喷嘴的水路,明显提高了工作面的降尘效率。龚景松等[23]分析了各种气动喷嘴及其雾化机理,提出了一种新型的"旋转型气-液雾化喷嘴",并系统研究了其雾化角和各种流量系数及其影响因素,最终给出了有关喷嘴雾化角和流量系数的关系式,这些研究对喷嘴设计有很好的指导作用。王文靖等[24]选择矿井喷雾降尘常用的锥直型喷嘴和离心式喷嘴作为研究对象,对不同结构的喷嘴以及喷嘴在不同进口压力下喷雾的内外流场进行数值模拟,模拟结果显示,锥直型喷嘴的出口速度大,离心式喷嘴的覆盖范围广。

随着喷雾降尘技术的发展,开始有一些学者借助新的研究手段对喷雾降尘机理进行探讨。20 世纪 70 年代,国外一些学者通过数学模型研究雾滴捕尘机理[25-30],但推导过程均是在单一因素下进行的,而雾滴捕尘是一个多因素作用的结果,因此,得到的数学模型难以准确预测实际的雾滴捕尘效果。Sirignano[31]在试验中观察到,若雾滴的表面张力很大时,与之碰撞的粉尘会被弹开。布朗则认为,细水雾捕尘的过程中还存在蒸发、扩散、增重不够等现象,这些对于实际的降尘效果起到重要的作用。在我国,林嘉璧[32]探讨了水润湿粉尘机理,总结了添加润湿剂、泡沫除尘、磁化水除尘、电离水除尘和高压除尘等新式除尘方式的应用原理。马素平等[33]以煤矿井下回风巷道中沉降浮尘为研究对象,分析了影响粉尘沉降效率的因素,建立了相应的数学模型,依据该曲线选择不同的水压沉降不同粒径的粉尘,从而达到最佳除尘效果。

### 1.2.2 喷雾试验的国内外研究现状

#### 1.2.2.1 测试手段的研究现状

喷嘴外部雾场测试手段比较多,比如早期的阴影法(shadowgraphy method)和纹影法(schlieren method)。随着研究的深入,上述方法已经不能满足研究需求,20 世纪 70 年代,伴随着光学技术的发展,新型光学测试技术得到应用,极大促进了雾化特性及雾化机理的研究。目前主流的测试仪器包括:马尔文激光粒度仪、激光多普勒测速仪(Laser Doppler Velocimetry,LDV)、相位多普勒粒子测速法(Phase Doppler Particle Analyzer,PDPA)和粒子图像测速法(Particle Image Velocimetry,PIV)等[34-38]。

马尔文激光粒度仪是被广泛应用的喷雾测试仪器,它是根据光的散射原理测量颗粒大小的。当激光穿越测试区遇到液滴时,会有一部分光偏离原来的传播方向,液滴越小,偏离量越大,反之,偏离量越小。将上述信息传输到计算机终端进行处理,即可得到液滴的平均直径[39]。

LDV 是应用多普勒效应,利用激光的高相干性和高能量测量流体或固体流速的一种仪器,被国外的大多数学者称为激光多普勒风速仪(Laser Doppler Anemometer,LDA)或者激光测速仪或激光流速仪(Laser Velocimetry,LV)。其工作原理为[40]:仪器发射一定频率的超声波,当有被测物体发生移动时,由于多普勒效应,反射波的频率会有所不同,将收集的波频经过转换计算后则可推断出被测物体的运动速度,如图 1.1 所示。LDV 是典型的点测量仪器。

PDPA 是基于激光干涉技术和 Lorenz-Mie 散射光学理论进行定量测量的一种仪器。PDPA 包括入射光学单元、激光器、信号处理器、接收光学单元及数据处理系统等几部分[41]。PDPA 也是依靠运动物体照射光与散射光之间的频差来获取速度信息,利用相对位移来确定物体粒径的。起初,PDPA 被应用在喷

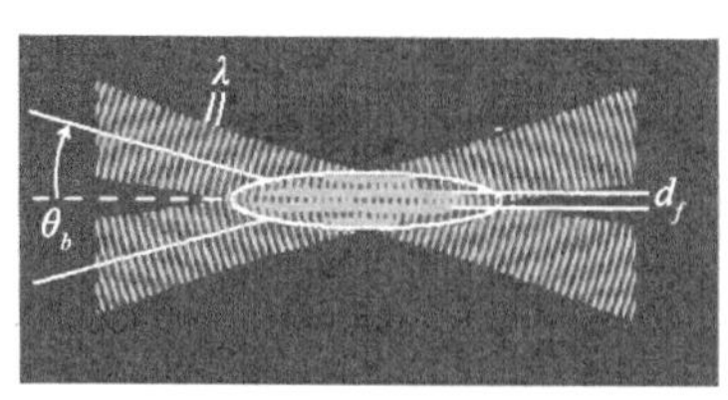


图 1.1 LDV 工作原理图

雾测量,后来逐步被应用至喷射火焰及两相湍流研究中。虽然 PDPA 和 LDV 均采用点测量,但 PDPA 可以利用测量获取的数据构建二维可视图像,进而直观显示被测颗粒的不同形态(主要是颗粒的直径)。

随着图像处理技术与计算机技术的高速发展,PIV 逐渐被应用于喷雾场的研究中。与上述两种仪器不同,PIV 可以测量二维平面速度场,是典型的面测量仪器。其工作原理如图 1.2 所示,发射激光光束首先进入一组球面透镜表面,光束聚焦后经过全反射镜进入可调的柱面透镜,进而形成拥有一定厚度的片光,照亮了此刻经过该区域的示踪粒子,随后通过 CCD(CMOS)设备开始成像处理。在一定时间间隔内对选择的区域,使用激光脉冲连续照亮 2 次,进而获得粒子在第一次的照亮时间($t$)以及第二次的照亮时间($t'$)的 2 个图像,对得到的图像进行互相关分析,进而获取流场内部的二维速度矢量分布[42]。

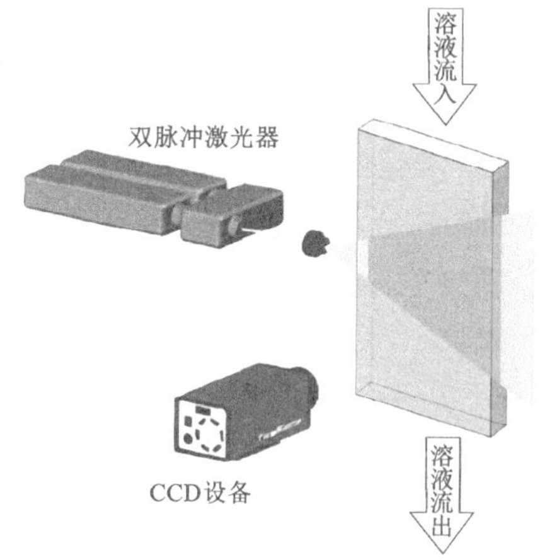


图 1.2 PIV 工作原理图

随着光学诊断技术高速发展和对喷嘴雾化机理和喷雾特性研究的深入,基于光学诊断技术的基础试验研究逐渐受到众多学者的重视。这些方法因具有准确、方便和不干扰流场的优点,得到长足的应用和发展。目前,对喷雾测量应用较多的还有直接显微摄像法(direct photomicrography method)、激光电脑层析摄影法(laser computed tomography method)及高速摄影等[43-45]。其中,研究喷雾最常采用的手段是高速摄影,它能够以较高的频率拍摄一个动态的图像,进而获得每秒上万张高速连续图像。

1.2.2.2 雾场特性的研究现状

喷雾的测量主要包括喷雾宏观特性测量及微观特性测量。宏观特性包括雾化角、射程和流量三个参数,微观特性包括液滴尺寸及分布、液滴速度、雾滴浓度分布等[46]。

自降尘喷嘴使用以来,人们对不同类型的喷嘴及其雾化机理、外部雾场的雾化特性等参数进行了大量的理论和试验研究,也归纳总结了不少经验公式。例如,Charinpanitkul 等[47]研究了不同类型喷嘴的雾化粒度分布及其对粉尘降尘率的影响,推导出不同类型喷嘴雾场的粒度分布经验公式。Rizk 等[48]研究了组合式空气雾化喷嘴雾场特性和影响参数,诸如相对速度、气液比、液体压降及结构参数等对雾化粒度产生的影响规律。Li 等[49]利用 PDA 技术实测雾场的粒度及速度,并根据质量守恒定律、动量守恒定律和能量守恒定律、不考虑液体雾化过程的细节,如液体体积扰动和行为特性等,通过最大熵原理建立液体喷雾中的液滴尺寸和速度分布曲线。Urbán 等[50]利用 PDA 技术测量分析了喷嘴不同轴向位置的径向横截面上液滴粒径及轴径向速度分量,并发现液滴湍流和平均动能与雾化压力成正比。因此,液滴径向运动的散射随着雾化压力而增加。

程卫民等[51-53]利用自行设计的喷嘴雾化试验平台,对煤矿常用雾化喷嘴开展了不同工况条件下的雾化粒度测试,从理论、试验和现场应用 3 个方面对雾化喷嘴的降尘效果展开了深入研究,并总结得到不同类型喷嘴所适用的场所。周刚等[54]利用 Winner313 激光粒度分析仪设计了喷嘴雾化试验系统,对煤矿采煤工作面常用的 5 种喷嘴进行了 5 个压力下的雾化粒度测定,确定了 8 MPa 下的喷雾粒度分布对采煤工作面降尘效果最佳。王鹏飞等[55,56]采用自行设计的喷雾降尘试验系统,研究了井下常用压力式喷嘴直径与雾化参数(喷雾锥角、射程、雾滴粒径)之间的关系。王信群等[57]利用三维 LDV/APV 系统对降尘喷嘴雾场的三维速度进行了精确测量,试验结果表明,喷嘴设定流体压力增大,雾粒径逐渐减小,雾场径向的覆盖范围扩展,含尘空气体积通量逐渐加大。聂涛等[58]通过激光粒度分析仪和高速摄像机对压力旋流喷嘴的雾化特性进行了试验研究,分析了不同喷雾压力及喷嘴孔径对雾粒索特平均直径(SMD)、雾粒运动速度和雾化角的影响。范明豪等[59]对直射式喷嘴进行了加旋芯改进和 PDPA 试验测量,结果表明,与没加旋芯的喷嘴相比,加旋芯的喷嘴有更大的喷雾锥角和更好的雾化效果,其雾化过程符合稳定性理论规律,在喷雾中心和边缘处,喷雾参数有显著的区别。刘志超[60]利用 LS-2000 分体式激光雾化液滴粒度分析仪对不同结构旋流细水雾喷嘴的雾滴粒径大小、分布及速度进行了测量，得出了中低压单流体直通旋流雾化喷嘴最佳的结构参数。

### 1.2.3 液体射流破碎理论的研究进展

当前，研究学者对低速射流破碎和分裂研究较为完善，1878 年，Rayleigh[61]对射流破碎机理进行了首创性的、较为全面和完整的理论研究，他以一个初始稳定的无限长圆柱形低速无黏液体射流为研究对象，研究方法是基于液体表面波不稳定性理论，这也是目前大多数液体喷射碎裂过程研究者所采用的研究方法和手段。Weber 等[62]对黏性液体射流进行了研究，考察了黏度、表面张力以及液体密度等对雾化过程的影响，建立了考虑黏性的液体射流模型。随后，Taylor[63]、Ohnesorge[64]、Reitz[65]、Li[66]和 Yang[67]发展了 Rayleigh 理论。

众多学者基于表面波不稳定理论，从不同方面阐释射流破碎现象：Chaudhary[68]和 Alterman[69]建立了三阶表面波振幅解模型，将射流表面波的不稳定区划分为三个，并利用试验验证推导结果的准确性。Mashayek 等[70]从液体对周围环境的传热效应角度研究了射流破碎机理，研究结果表明，如果射流暴露在周期性变化的环境温度中，除了热边界条件外，射流上还会产生与热扰动具有相同波数的初始表面扰动，若反向干扰，则存在一个参数，二者可以相互抵消，射流可达到稳定的结构，若二者方向相同，则不存在一个参数使射流稳定。Elcoot[71]应用线性稳定性理论和非线性稳定性理论研究了位于放电场中的射流正对称波形和反对称波形时间模式的稳定性，推导了色散关系式（dispersion relation），并通过解析和数值求解以找到边际稳定性曲线来分析线性稳定波。作者还研究了轴对称和非轴对称模式下有限电荷弛豫时间对流动稳定性的影响，利用非线性稳定性理论研究带电液体射流稳定性时，可以准确预测新的不稳定区域，识别表面电荷和电荷松弛对稳定性的影响。

在国内，同样有许多学者展开了射流破碎机理研究，其中，天津大学史绍熙、杜青等[72-77]进行了大量的理论计算，研究了“液体射流的非轴对称破碎”“液体圆射流破碎机理研究中的时间模式与空间模式”“液体燃料圆射流最不稳定频率的理论分析”等，此外他们还详细研究了液体黏性对射流的影响，并实现了控制射流参数观测到不同阶段的射流结构。随后，该团队研究了射流参数对雾化效果的影响作用以及旋转气体介质对环膜液体射流破碎不稳定性的影响。

曹建明[78]应用线性稳定性理论对圆射流的雾化机理进行了研究，推导出了液膜表面波在空气助力环境中和静止空气环境中的量纲-色散准则关系，基于上述关系式，可以研究表面波的波形、破裂点的不稳定频率以及射流稳定性随准则的变化关系。严春吉等[79-81]应用线性稳定性理论研究了正对称模式和反对称模式环状液膜射流喷射进入可压缩气流中的稳定性，指出射流的稳定度与雷诺数、韦伯数、马赫数、气液密度比、液膜半径与厚度比等因素有关。

现阶段，以三种典型射流：圆射流、平面液膜射流和环状液膜射流为基础的射流破碎机理和数值模型研究已经有所进展，但仍未形成系统的、完善的理论。随着测试技术的发展，对射流失稳理论、试验及其相关机理的研究在不断发展和完善。最终的目标是利用非线性稳定性理论得到基于雷诺方程的黏性射流喷射进入可压缩气流中的时空模型。

尽管射流破碎理论已经相对完善，但目前对雾化过程及雾化机理的认知不够全面。现今已经成熟的雾化机理有以下几种：湍流扰动说、空气动力干扰说、边界条件突变说、空化扰动说和压力震荡说等。光学测试手段和先进计算机处理技术被广泛应用到雾场测量中，为深入研究雾化机理提供了坚实的试验基础，该理论也将得到不断的充实和完善。

### 1.2.4 目前研究存在的问题

目前，关于煤矿喷雾降尘技术研究中仍存在以下三方面问题：

(1) 采煤机截割过程产生的粉尘占整个工作面粉尘总量的60%～85%，采煤机直接接触煤壁易造成喷嘴堵塞而降低了降尘效果，并且常规高压喷雾耗水量大、对呼吸性粉尘的降尘效率也仅有40%～50%，喷嘴的雾化性能仍满足不了实际降尘需求。

(2) 虽然对不同类型降尘喷嘴外部雾场的雾化特性进行了较多的理论和试验研究，但由于雾化过程十分复杂，涉及雾化机理相关理论不够完善，总结归纳的理论模型都有一定的适用范围，受限于测试手段，雾场空间分布特性的试验研究只能定性描述其发展规律，定量描述不够准确。在实际生产中，不同工况下喷雾参数的匹配存在不合理性，这也降低了喷雾降尘效率。

(3) 对尘雾耦合沉降过程中，雾滴与粉尘的相关关系认识不足，无法针对不同尘源选择合适的喷嘴，现场喷雾系统存在凭实践经验主观选择喷嘴的情况。

## 1.3 喷雾降尘技术研究的目的与意义

综采工作面是煤矿的主要尘源之一，随着高效机械化发展，粉尘的产生量也越来越大。生产现场高浓度粉尘危害极大，不仅给井下作业人员身心健康带来危害，还会威胁煤矿的生产安全，煤尘爆炸可造成严重的人员伤亡。每年因作业环境粉尘含量高、防护不当而引发的爆炸事故、尘肺病给国家带来了巨大的经济损失。因此，开展粉尘防治研究对于提高矿工的职业安全、保证井下安全生产具有重要的理论意义和社会价值。

当前，粉尘防治技术主要包括：通风除尘、喷雾降尘、煤层注水、泡沫除尘、除尘器捕尘以及个体防护等。喷雾降尘技术在降尘方面具有简便、经济等优点，是我国煤矿井下控制粉尘浓度的主要措施。而当前，现场除尘系统设计、除尘设备布置、除尘参数匹配等方面均存在不合理性，不能达到最优的降尘效果，并且导致工作面环境恶劣。煤矿喷雾降尘系统主要由喷嘴、泵组、管路、控制阀以及过滤器等组成，而其关键部件就是喷嘴，喷嘴性能好坏直接关系到实际降尘效果。从喷雾降尘机理来看，喷雾降尘主要是雾滴与粉尘颗粒的碰撞捕集和凝结沉降的过程，降尘效果取决于粉尘和雾滴的性质及各项参数。也就是说，不同粒径的粉尘颗粒被有效捕获沉降的雾滴特性是不一样的，喷嘴雾场的空间分布特性不同，其捕捉粉尘的能力也不相同。因此，从降尘角度研究喷嘴雾化性能应从微观角度揭示雾场粒度-速度特性以及雾滴特性与粉尘特性（粒度、速度等）的耦合关系，根据不同喷雾参数下的雾滴特性变化规律，对相关参数进行合理匹配，从而达到提高喷雾降尘效率的目的。而当前，关于喷嘴雾化性能的研究中，关于雾滴发展的动力学特性、雾滴与尘粒耦合沉降对应关系等方面研究较少。在此背景下，提出了“喷嘴内外流场雾化特性及尘雾耦合降尘试验研究”，为标定喷嘴特性提供参考，并针对雾滴与粉尘耦合沉降过程中，二者的相互作用开展研究，为有效指导降尘提供理论指导。因此，本课题的研究，对提高井下矿工的职业安全健康程度和指导矿山企业的安全生产具有重要的理论意义和实用价值。

# 2 射流雾化理论基础及喷嘴结构

## 2.1 喷嘴内部射流基本参数

### 2.1.1 射流特征参数

工程上大多采用的水射流为湍流运动，其内部结构和运动机理较为复杂。描述射流特性的参数比较丰富，但针对工程应用中常见的连续水射流而言，学者往往针对其基本参数，即流量、流体静压力、起始端长度、流速及射流宽度等参数开展研究工作。喷嘴是射流雾化的执行元件，它的作用是通过喷嘴内孔横截面的收缩，将水压力转化为动能，形成高速水射流喷出。如图 2.1 所示。

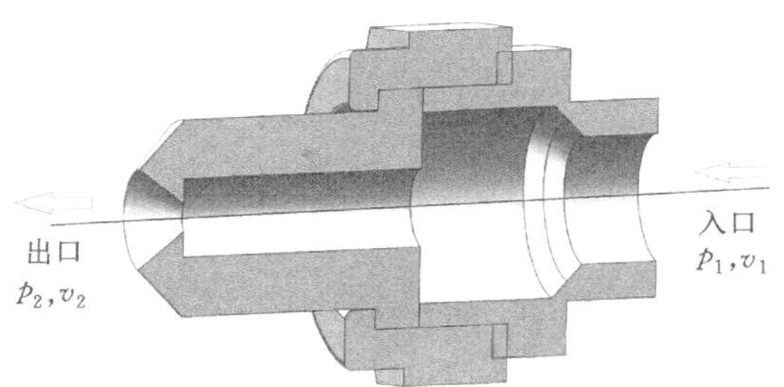


图 2.1　喷嘴内射流示意图

使用喷嘴出口速度代表水射流速度，针对喷嘴内部连续水流，在出入口两个截面之间使用伯努利方程，同时喷嘴进出口高度差被忽略，可求得关系式[82]：

$$\frac{p_1}{\rho_1}+\frac{v_1^2}{2}=\frac{p_2}{\rho_2}+\frac{v_2^2}{2} \tag{2.1}$$

式中，$p_1$、$p_2$ 为喷嘴入口和出口静压力；$\rho_1$、$\rho_2$ 为喷嘴入口和出口流体密度；$v_1$、$v_2$ 为喷嘴入口和出口流体平均速度。

单位时间进出口流体质量守恒，使用连续方程可得：

$$\rho_1 v_1 A_1=\rho_2 v_2 A_2 \tag{2.2}$$

矿用喷嘴内部通道一般为圆柱形结构，即 $A=\pi\ \dfrac{d^2}{4}$，同时 $\rho_1=\rho_2$，由式(2.1)、式(2.2)可知：

$$v_2 = \sqrt{\frac{2(p_1 - p_2)}{\rho[1-(d_2/d_1)^4]}} \tag{2.3}$$

式中，$d_1$、$d_2$ 为入口和出口截面直径；$\rho$ 为流体密度。

由式(2.3)可以看出，喷嘴出口射流速度正比于出入口静压力差，即当喷嘴尺寸一定时，喷嘴入口压力越大，流体喷出时的平均速度越大；同理，进出口直径比对喷嘴出口平均速度同样产生较大影响。

式(2.3)为理论计算结果，在现场应用中通过喷嘴的实际流速 $v$ 和流量 $q$ ($q=vA$)要远小于计算值。这是因为液体在喷嘴内部的流动十分复杂，在截面急剧变化以及液留方向转变的地方，通常都会有因局部阻力引起的局部水力损失。为了更准确评价喷嘴内部结构对流体运动特征的影响规律，引用喷嘴截面收缩系数 $\varepsilon$、流量系数 $\mu$ 和喷嘴速度系数 $\varphi$[83]。收缩系数表示流体经过喷口处的收缩程度，流速系数表示喷口局部阻力及流速不同方向速度场分布情况，喷嘴流量系数表示出入口之间的能量传输效率，其值取决于喷嘴的几何构造及流体的流动状态(路径、方向)。则有：

$$\varepsilon = \frac{A}{A_t} \tag{2.4}$$

$$\varphi = \frac{v}{v_t} \tag{2.5}$$

$$\mu = \frac{q}{q_t} = \varepsilon\varphi \tag{2.6}$$

式中，$A$、$A_t$ 为射流和设计出口截面积；$q$、$q_t$ 为实际和理论流量；$v$、$v_t$ 为出口实际流速和理论流速。

### 2.1.2 射流阻力分析

由式(2.4)、式(2.5)、式(2.6)可知，喷嘴相关的基本特征参数理论计算值与实际值有较大的差异，这是由于喷嘴内部的局部阻力产生了较大影响。当在流体流动的方向上，截面大小或形状发生变化时，必然造成流体速度方向、大小或分布的改变，该过程造成的能量损失可称为局部阻力。

图 2.2 为喷嘴内部截面缩小流体示意图，$A$、$A_t$ 为射流和设计出口截面积，$v$、$v_t$ 为出口实际流速和理论流速，一般认为喷嘴内部流体产生碰撞损失、转向损失、涡流损失和加速损失造成计算的差异。

碰撞损失表征为当水流从 $a$—$a$ 截面向出口方向流动时，存在部分流体与 $b$—$b$ 截面发生碰撞造成了方向的改变，导致部分能量损失。转向损失一般产生于流体与管壁碰撞后，受到 $b$—$b$ 截面阻碍的流体，轴向为主的流体会折向中心方向运动，部分水流的速度矢量发生改变($v$、$v_t$)，产生垂直于管道轴线的速度分

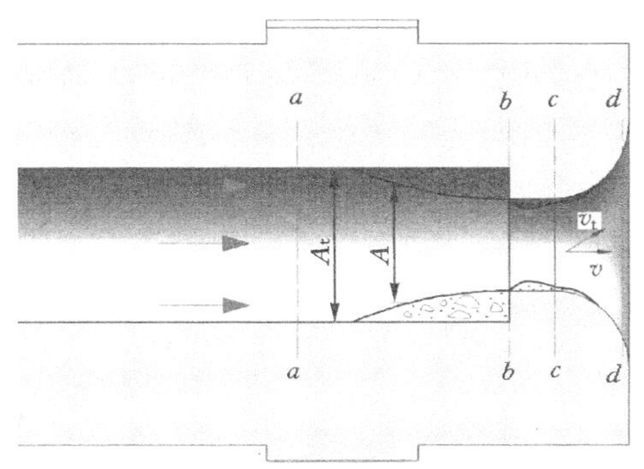


图 2.2 喷嘴内部截面缩小流体示意图

量。流体在 $b$—$b$ 截面和 $c$—$c$ 截面出现“颈缩”现象，直到在 $c$—$c$ 截面上垂直方向速度再次为零。在这个过程中流体的流速方向发生改变必然要消耗一部分流量，产生了流体的转向损失。

在 $b$—$b$、$c$—$c$ 截面附近流体速度发生变化存在涡流区。通过动量交换从主流得到了能量成为这种涡流区维持运动的主要原因，在涡流内部和涡流与壁面上流体发生摩擦，造成这部分能量消耗，最终变成热能发生耗散，进而产生涡流损失。从 $c$—$c$ 截面到 $d$—$d$ 截面。流体经过一个压力升高及速度降低的过程，该过程发生能量损失，故称为加速损失。

以上阐述的四种能量损失均发生在局部位置，称为局部阻力。纵观水流在喷嘴内部的流动可发现，流体从 $a$—$a$ 截面流通到 $d$—$d$ 截面过程中，一直存在摩擦，但该过程产生的摩擦阻力较小，工程应用中基本可以被忽略。

## 2.2 外雾场的基本结构与参数

### 2.2.1 射流分区结构

液体从喷管或孔中喷出，脱离固体边界的约束，在液体或气体中作扩散流动，称为射流。稳定的射流结构大致分为起始段、过渡段和主体段[84-87]，如图 2.3 所示。

(1) 起始段

射流离开喷嘴很近的距离，有一段内的水流未发散，也就是说，在这一小段距离内垂直于喷嘴轴线截面上的各个点的速度相等，且与喷嘴出口速度相同，这一小段被称为紧密段。随后，在边界层上射流与环境介质间形成非常大的速度

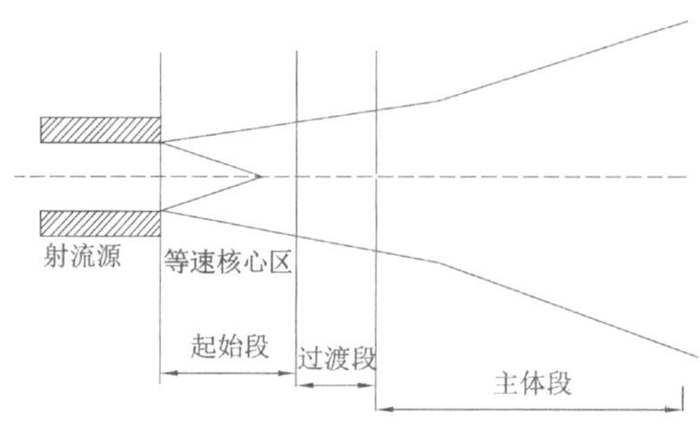


图 2.3　射流结构划分图

差,进而产生了垂直于射流轴向的力,在内外力连续作用下,射流开始出现扩散和破碎,并且与外界环境之间发生了质量与动量交换。由射流破碎产生的波长与时间和初始工况存在密切关系。射流的扩散初始于射流表面,而且不断向中心发展,锥形等速流核心区便会因此形成,该阶段内的轴向动流速、压力及紧密程度基本保持不变。随着射流进一步发展,等速核心区会逐渐消失,此时的区域称为射流混合区,核心段结束的截面也标志着起始段结束。

(2) 过渡段

射流起始段后为过渡段,该阶段内射流轴向流速的大小和动压力逐渐减少,并且在垂直于轴线的截面上,轴向动压力和流速的最大值迅速减小到边界上最小值。与此同时,该阶段内部射流基本保持完整,而且有紧密的内部结构。该阶段长度取决于喷雾速度。

(3) 主体段

射流过渡段后为主体段。该阶段内射流与环境介质已经完全混合,同时射流轴向速度大小和动压力相对较低。如在空气中,射流会吸入大量空气,射流已雾化或者已变成雾滴和空气的混合物,进而在整个流动中呈现气-液两相流的流动特性。

射流各段在工程应用中有不同的功能。起始段用于材料切割,而主体段对清洗、除锈、喷雾等作业更有利。喷雾降尘系统的工作段在主体段,因此外部雾化特性分析主要针对主体段。

### 2.2.2　液体射流的破碎方式与破碎类型

当液体压力升高,喷射速度增大,会产生如图 2.4 所示的破碎变化过程[88]。许多学者进行了大量的试验研究后,得到了表征射流稳定性的 $L$-$v$ 图[89],如图 2.5 所示,图中 A、B、C、D、E、F 与图 2.4 对应。$L$ 为雾化长度,表示射流未破

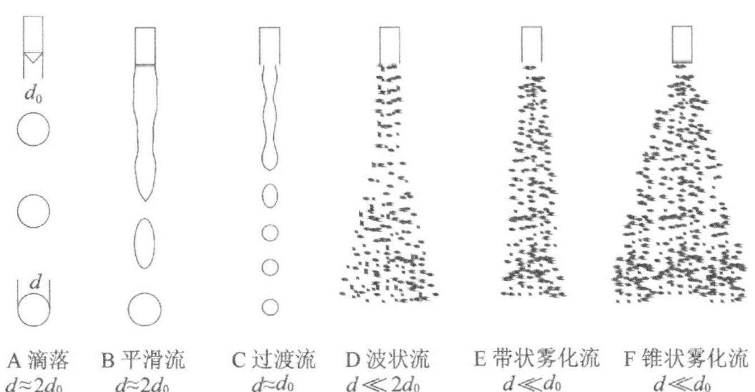


图 2.4 液体射流破碎方式

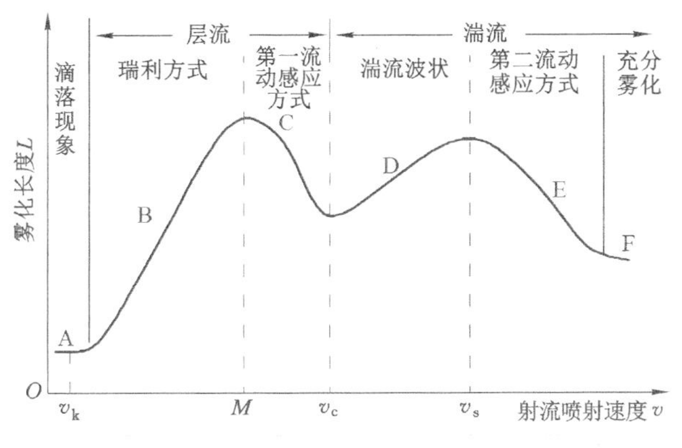


图 2.5 $L$-$v$ 图

碎保持连续部分的长度，$v$ 为射流喷射速度。通过图 2.5 可看出，当射流速度较低时，出现滴落现象(即 A 段)；随后 $L$ 随 $v$ 单调递增，直到第一次峰值出现(即 B 段)，此时液滴尺寸约为射流的 2 倍；$v$ 继续增加，$L$ 反而减小，直至最小值(即 C 段)，这时射流的破碎方式为第一流动感应方式，此时液滴尺寸与射流直径近似相等；图 2.5 中 $v_c$ 对应的第二波谷之前为层流雾化方式，之后便是紊流雾化方式。射流处于湍流状态时，$L$ 随 $v$ 又单调递增，出现第二峰值(即 D 段)，此时射流破碎形成各种尺寸的液滴；射流速度 $v$ 继续增加，便处于第二流动感应方式，$L$ 不断减小直至最小值(即 E 段)，此时液滴尺寸与射流直径相比很小；$v$ 继续增大，D 中的波峰部分会有一部分变成液膜状，进而破碎成雾化流(即 F 段)。由此可以看出射流破碎伴随喷射速度增大的转变过程为：速度较低，出现 A 的滴落现象，当射流速度超过临界速度 $v_k$ 时产生液柱，形成平滑流 B，液柱长度随速度增大而增长，速度继续增加，液柱前端横向振动破碎，形成不稳定的过渡流

C,因为液柱长度变得非常小,所以即使液柱长度再增加,平滑流也已经不再存在,而成为螺旋形的波状流 D;射流速度增大至 $v_s$ 时,液柱长度达到最大值,此后液柱长度逐渐减少,最终形成雾化流 E 和 F。对于射流介质-水来说,$v_c$ 处的雷诺数 $Re$ 为 1 800～2 400,与层流向湍流的转变点一致。

许多学者对图 2.5 所述的射流破碎方式的特征点展开了大量的理论研究,并给出了许多经验公式。其中,比较有代表性的是 Grant 的研究成果。通过理论推导,Grant 等[90]得到了 AB 段的关系为:

$$L=19.5dWe^{1/2}(1+3On)^{0.85} \tag{2.7}$$

式中,$On$ 为 Ohnesorge 归纳得到的一个无量纲数,它是韦伯数的平方根与雷诺数的比值,即 $On=We^{1/2}/Re$;$d$ 为液滴直径。

对于临界点 $M$ 的射流:

$$Re=3.25On^{-0.28} \tag{2.8}$$

对于湍流区的射流(DEF 段):

$$L=8.51dWe^{0.32} \tag{2.9}$$

Ranz[91]提出了射流破碎的第一流动感应方式及湍流波状边界为:

$$0.4<We<13 \tag{2.10}$$

雾化区开始的边界为:

$$We=40.3 \tag{2.11}$$

液体破碎的方式分为射流破碎和薄膜破碎。从雾化过程来看,射流破碎一般发生在一次雾化中,而薄膜破碎一般发生在二次雾化中,破碎方式不同会对雾滴的粒度及粒度分布有影响。薄膜破碎又分为轮缘形破碎、穿孔形破碎和波动形破碎[92-96]。

轮缘形破碎发生在液体的黏性与表面张力都非常高的情况下,液体在表面张力作用下首先会收缩形成了一个类似轮缘的液膜,随后该液膜会继续破碎形成小液滴。

穿孔形破碎发生在距喷嘴一定距离的液膜上,此时出现的孔洞不断增长,与相邻液膜上的孔洞串联在一起,便会形成形状不一的液丝,随后液丝破碎形成不同尺寸的液滴。

随着液膜上的波动产生、增长,可能不产生孔洞,而是在半个波长或者整个波长后使薄膜破碎,形成波动形破碎,随后在表面张力作用下继续破碎成液滴。

从上述三种破碎方式可以看出:轮缘形破碎形成的雾滴尺寸会比较大;穿孔形破碎形成的雾滴直径比较均匀,因而尺寸分布也会比较均匀;由于波动形破碎方式的不规则,其液滴尺寸也会不均匀。从目前的研究来看,在实际雾化过程中,三种破碎方式都会发生,并且多种破碎方式往往同时发生。

### 2.2.3　雾化性能指标概述

雾化特性，就是喷嘴结构尺寸、工况参数及雾化介质的理化性质等对喷嘴雾化性能的影响规律。雾化特性主要包括宏观特性和微观特性两个方面，喷雾宏观特性主要包括雾化角、喷雾射程和流量。喷雾微观特性主要包括雾粒粒径及分布、雾粒速度、雾通量等。

(1) 雾化角

雾化角反映了喷嘴雾化场的空间尺寸大小，可用出口雾化角、条件雾化角来表示，如图 2.6 所示。在喷嘴出口处，作水雾边界的切线，两切线的夹角即为出口雾化角，用 $\alpha$ 表示[97]；在离喷嘴一定距离处，作一垂直于水雾中心线的垂线，或以喷嘴出口中心为圆心作圆弧，与水雾边界相交得到两个交点，该交点和喷嘴出口中心相连的连线夹角即为条件雾化角，在距离 $x$(mm)处测得的条件雾化角用 $\alpha_x$ 表示。出口雾化角的数值和理论计算值比较接近，因此本书选用出口雾化角作为雾化角的衡量指标。

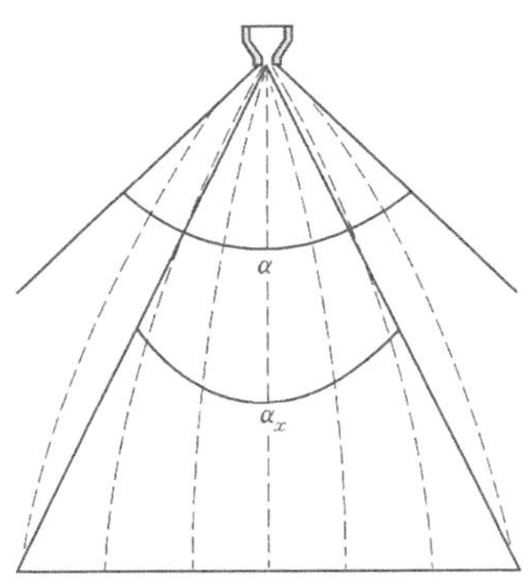


图 2.6　雾化角的定义

(2) 喷雾射程

喷雾水平方向喷射时，喷雾液滴丧失动能时所能到达的平面与喷嘴之间的距离即为喷雾射程。降尘过程中通常关注喷雾有效射程，即喷雾失去动能，并在重力作用降落之前的喷雾距离，此后雾滴因粒径大、速度小，已经不利于与尘粒的碰撞捕获。

(3) 流量

流量是指喷嘴在某一压力下单位时间输出水量的大小。一般而言，在满足降尘条件下，流量应尽量小，这样可以减少积水，改善工作面作业环境。

(4) 雾滴粒径及分布

雾化后的雾滴直径尺寸大小不一，为了更好地表征雾化后的雾滴粒度分布，通常利用平均直径的概念来描述，常用的平均直径有 $D_{10}$（算术平均直径）、$D_{20}$（表面积平均直径）、$D_{30}$（体积平均直径）、$D_{32}$（索特平均直径）、$D_{V0.5}$（体积平均半径）、$D_{V0.1}$（10%体积平均半径）和 $D_{V0.9}$（90%体积平均半径）等[98]。这些公式均可相互换算转化，工程上常见的粒径大小表达方式有两种[99]：

① 索特平均直径

$$(\pi N_0 D_{32}^3/6)/(\pi N_0 D_{32}^2) = \left[\pi \sum (n_i d_i^3)/6\right] \Big/ \left[\pi \sum (n_i d_i^2)\right]$$

即

$$D_{32} = \frac{\sum (n_i d_i^3)}{\sum (n_i d_i^2)} \tag{2.12}$$

式中 $n_i$——直径为 $d_i$ 的雾滴数；

$N_0$——平均直径为 $D_{32}$ 的雾滴数，并且 $D_{32}$ 值越小，表明喷雾的雾滴平均直径越小。

由式(2.12)可知，索特平均直径相当于全部液滴体积与表面积之比。因此，选用 $D_{32}$ 作为表征雾滴粒度的参数。

② 质量中间直径

质量中间直径指 $R=50\%$ 对应的液滴尺寸，$R$ 表示大于 $D_{32}$ 的所有液滴的质量占全部液滴总质量的百分数。

喷嘴雾化后的液滴尺寸分布都不会是均匀的，也就是说存在一个液滴的尺寸分布。常用的描述喷雾尺寸分布的函数为 Rosin-Rammler 函数。其经验表达式为：

$$V_c = 1 - \exp\left[-\left(\frac{D}{c}\right)^n\right] \tag{2.13}$$

式中 $V_c$——粒径小于 $D$ 所有颗粒的体积与总体积之间的比值；

$c$，$n$——常数。

由式(2.13)知，$n$ 越大，其雾场尺寸分布会更加均匀，当 $n$ 趋于无穷大时，其雾化颗粒会趋于一个接近的数。因此，$n$ 也被称为雾化均匀度指数。

利用分布函数研究尺寸分布较为烦琐，现在工程应用中大多利用粒度分散度 $\Delta s$ 来判断雾场不同位置的尺寸分布情况，其公式为：$\Delta s = \frac{D_{90} - D_{10}}{D_{50}}$[100]，该值越大，雾滴分布越分散。

(5) 雾滴速度

速度代表了雾滴的动量，它的大小决定了雾滴的破碎程度以及雾场的射程，并且影响着雾滴捕尘效率。雾滴与外界之间的相对速度越大也就意味着由压力能转化为扰动动能的效率越高，越有利于雾滴破碎。

(6) 雾通量

雾通量又称为体积通量或体积流量密度，是指单位时间内单位面积上通过的雾滴总体积。该参数可以通过测量雾滴的速度、粒径和浓度计算出来。

### 2.2.4　降尘系统对喷嘴的要求

从现场喷嘴使用情况来看，降尘喷嘴的选择需要综合考虑降尘有效性、适用性以及经济性。总体来说，一个理想的矿用降尘喷嘴须满足的条件包括：雾滴粒径小、雾化均匀、雾化范围大、射程远、耗水量小、外形尺寸小、不易堵塞和磨损、加工及装拆方便。因此，选用降尘喷嘴时须考虑的因素包括：

(1) 喷雾压力

喷雾压力是指当喷雾系统工作时，流经喷嘴处的水压。大量试验研究表明，压力增大，雾化效果增强，降尘效率提高。

(2) 喷雾流量

喷雾流量是指在固定压力作用下，单位时间流过喷嘴的水量，该参数与喷雾压力、喷嘴内部结构（主要是阻力损失）密切相关。

(3) 喷雾形状

该参数仅与喷嘴结构有关，主要有实心锥喷嘴、空心锥喷嘴，扇形喷嘴等，根据尘源特点选择合适的喷雾形状。一般来说，尘源范围广且含尘量高的环境，宜选择实心锥喷嘴；尘源范围广且含尘量低的环境，宜选用空心锥喷嘴；拦截含尘气流降尘宜选用扇形喷嘴。

(4) 水质特性

这与水中杂质、水的物理特性（荷电性、温度、黏度等）有关系。

(5) 雾化质量

该指标可用雾滴大小、雾滴速度、雾化角、射程等参数进行描述。且与上述因素之间存在一定联系。各参数变化对雾化质量的影响见表 2.1。

**表 2.1　参数变化对雾化质量的影响**

| 雾化指标 | 压力增加 | 黏度增加 | 表面张力增加 |
| --- | --- | --- | --- |
| 雾滴大小 | 减小 | 增大 | 增大 |
| 雾滴速度 | 增大 | 减小 | 可忽略不计 |
| 雾化角 | 增加/减小 | 减小 | 减小 |
| 射程 | 增大 | 减小 | 可忽略不计 |
| 磨损程度 | 增大 | 减小 | 无影响 |

## 2.3 试验喷嘴的优选

### 2.3.1 常见矿用喷嘴性能介绍

按照工作方式可以将常用的喷嘴分为:压力式喷嘴、旋转喷嘴、两相流喷嘴、超声喷嘴以及静电喷嘴等[101]。结合我国煤矿实际应用情况来看,旋转喷嘴、超声喷嘴、静电喷嘴以及两相流喷嘴在井下煤矿应用得较少。压力式喷嘴相对于其他喷嘴在除尘方面具有结构简单、能源消耗少、雾化性能较好等特点,被广泛应用。压力式喷嘴的工作原理是:将压力转换为流体动能,从而获得相对于周围空气较高的流动速度,在气动力、惯性力、表面张力和黏性力的作用下分裂破碎。压力式喷嘴主要包括直射式喷嘴、单式离心喷嘴和混合式离心喷嘴三种类型。

(1) 直射式喷嘴

直射式喷嘴是结构最简单的一种喷嘴,其原理是利用压差作用将液体喷出,射流受到流体动力与表面张力的作用而雾化。该类型喷嘴的出口直径一般为1～3 mm,喷射锥角一般在5°～15°之间,其雾场分布在喷嘴轴线附近很窄的范围内,如图2.7所示。由于直射式喷嘴主要依靠液体的喷射达到雾化目的,为保证雾化效果需提供较大的压差作用,因此,该类型喷嘴在煤矿上应用较少。

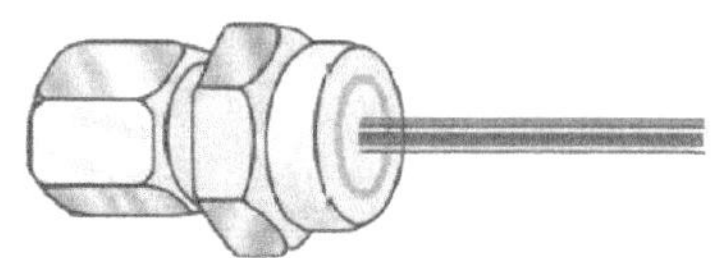

图2.7 直射式喷嘴示意图

(2) 单式离心喷嘴

离心雾化的本质就是水流经喷嘴切向入口加速进入旋流室,被高速旋流后具有极高的离心力,从喷嘴口高速喷射后迅速雾化[102]。依照旋流室位置不同,可形成空心锥和实心锥两种雾场形态,如图2.8所示。水流经过旋涡器圆柱面上的双头螺旋槽加速后进入旋流室,在旋流室内高速旋转,同时会形成空气涡,最终以锥形液膜状态从喷口喷出。

(3) 混合式离心喷嘴

典型的混合式离心喷嘴就是在直射式喷嘴内部或外部加入导流面,水流经具有整流作用的导流面,具有离心旋转的作用力,增大了水流的扰动强度,从而改善雾化效果。

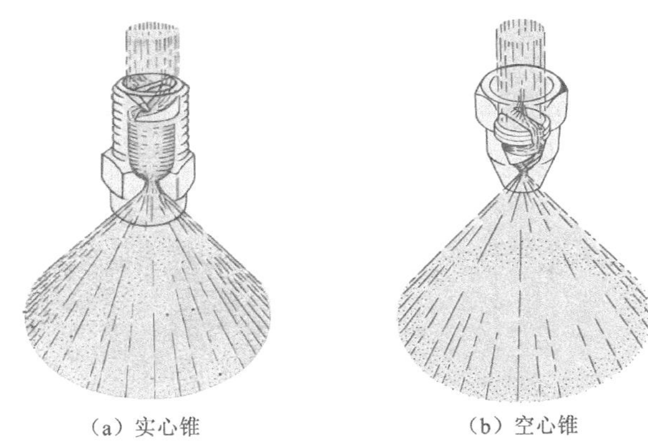

(a) 实心锥　　　　(b) 空心锥

图 2.8 单式离心喷嘴示意图

对山东省主要生产矿井及喷嘴生产厂家进行了调研，共收集购买 3 大类，共 5 个煤矿常用降尘喷嘴，如图 2.9 所示，喷嘴的具体情况见表 2.2。

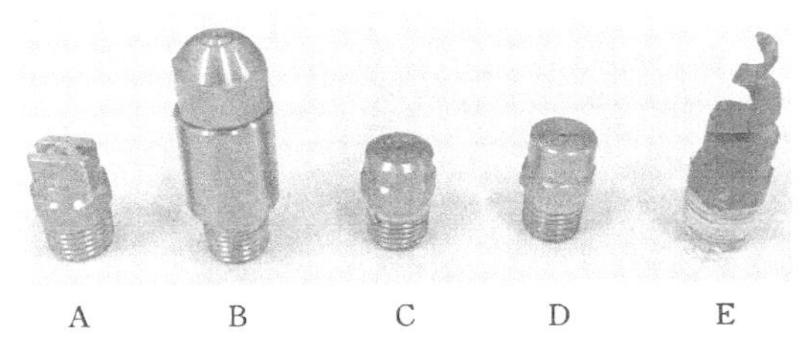


图 2.9 喷嘴实物图

**表 2.2 煤矿常用喷嘴**

| 喷嘴编号 | 喷嘴类型 | 喷嘴材质 | 喷孔直径/mm | 雾流形状 |
| --- | --- | --- | --- | --- |
| A | 直射式喷嘴 | 不锈钢 | 1.5 | 扇形 |
| B | 单式离心喷嘴 | 不锈钢 | 1.5 | 实心锥 |
| C | 单式离心喷嘴 | 不锈钢 | 1.5 | 空心锥 |
| D | 混合式离心喷嘴(内含导流芯) | 不锈钢 | 1.5 | 实心锥 |
| E | 混合式离心喷嘴(外含导流面) | 不锈钢 | 1.5 | 实心锥 |

喷嘴的宏观性能指标(雾化角、射程以及流量)是反映喷嘴雾化效果的重要依据，且测定方法简单。因此，首先测定 2 MPa、3 MPa、4 MPa 和 5 MPa 压力下喷嘴的雾化角、射程以及流量，了解矿用喷嘴的基本性能。

(1) 雾化角分析

对选用的喷嘴进行出口雾化角的测量，其过程为：首先，利用高速摄像机（图 2.10）记录 2～5 MPa 喷雾压力条件下照片，如图 2.11 所示；然后，利用 CAD 软件对照片进行调整，获得清晰的喷雾图片，指定喷雾锥角的顶点以及距离顶点 100 mm 时与喷雾的交点，连接两条边便可直接读出角度数值，统计结果如表 2.3 所示。在处理拍摄照片过程中发现，在同一压力下，出口雾化角随着时间的增大会出现变小后趋于稳定的情况，赵娜在研究喷嘴的雾化特性时也同样观察到了这一现象[103]，并给出了相关解释：由于液体刚到达喷嘴出口时受到阻力较小，但当喷嘴内部空气逐渐被排出后，射流受到的阻力变大，进而影响切向速度使得雾化角变小，随着流场稳定，雾化角最后也会趋于稳定。在本次试验中，试验结果给出的是稳定状态下的喷雾图像。

图 2.10　高速摄像机

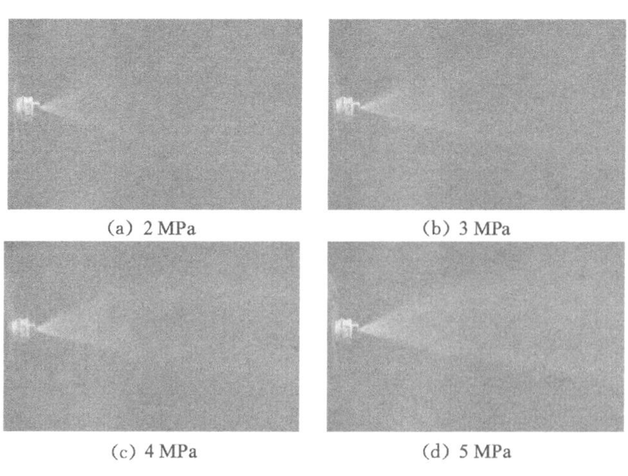

(a) 2 MPa　(b) 3 MPa　(c) 4 MPa　(d) 5 MPa

图 2.11　C 号喷嘴不同压力下的喷雾照片

表 2.3　雾化角测试结果

| 喷嘴编号 | 压力/MPa | 雾化角/(°) | 喷嘴编号 | 压力/MPa | 雾化角/(°) |
|---|---|---|---|---|---|
| A1 | 2 | 100.3 | C3 | 4 | 47.3 |
| A2 | 3 | 96.4 | C4 | 5 | 45.3 |
| A3 | 4 | 93.7 | D1 | 2 | 46.6 |
| A4 | 5 | 91.6 | D2 | 3 | 42.8 |
| B1 | 2 | 41.6 | D3 | 4 | 41.4 |
| B2 | 3 | 40.2 | D4 | 5 | 38.8 |
| B3 | 4 | 38.4 | E1 | 2 | 89.4 |
| B4 | 5 | 36.1 | E2 | 3 | 83.7 |
| C1 | 2 | 51.5 | E3 | 4 | 82.6 |
| C2 | 3 | 48.6 | E4 | 5 | 80.2 |

从图 2.11 可以直观地看出，喷雾出口雾化角随压力升高而逐渐变小，表 2.3 中其他喷嘴也出现了同样的规律。但每个类型喷嘴雾化角的最大值与最小值之间相差都在 10°左右。图 2.12 为不同喷嘴在不同压力下的雾化角比较图，通过该图可以发现，雾化角与喷嘴结构有很大关系，不同类型喷嘴的雾化角差别很大。按照雾化角大小给喷嘴排序，得到结论：A 号喷嘴＞E 号喷嘴＞C 号喷嘴＞D 号喷嘴＞B 号喷嘴。

(2) 射程分析

在实验室环境中，喷雾的射程可直接用米尺进行测量，统计结果如表 2.4 所示。

通过表 2.4 可以发现，压力增大，喷嘴的射程均有不同程度的增加。图 2.13 为不同压力下不同喷嘴的射程比较图，通过该图可以发现，4 个压力下，A 号喷嘴的射程和 D 号喷嘴的射程都远远高于其他 3 类喷嘴。剩下 3 类喷嘴的射程非常接近。2 MPa 下，3 类喷嘴的射程分别为 0.9 m、1.1 m 和 1.4 m，至 5 MPa 时，分别为 1.6 m、1.8 m 和 1.9 m，差距越来越小。

(3) 流量特性分析

从表 2.5 整体来看，随着压力增大，喷嘴流量也有不同程度的增加。图 2.14 为不同压力下不同喷嘴的流量比较图，通过该图可以发现，相同孔径不同结构的喷嘴，其喷嘴流量相差很大。例如，A4 的流量为 9.58 L/min，而 C4 的流量为 3.36 L/min。图 2.14 还反映出不同压力下，B 号和 C 号喷嘴的流量较于其他喷嘴都比较小。

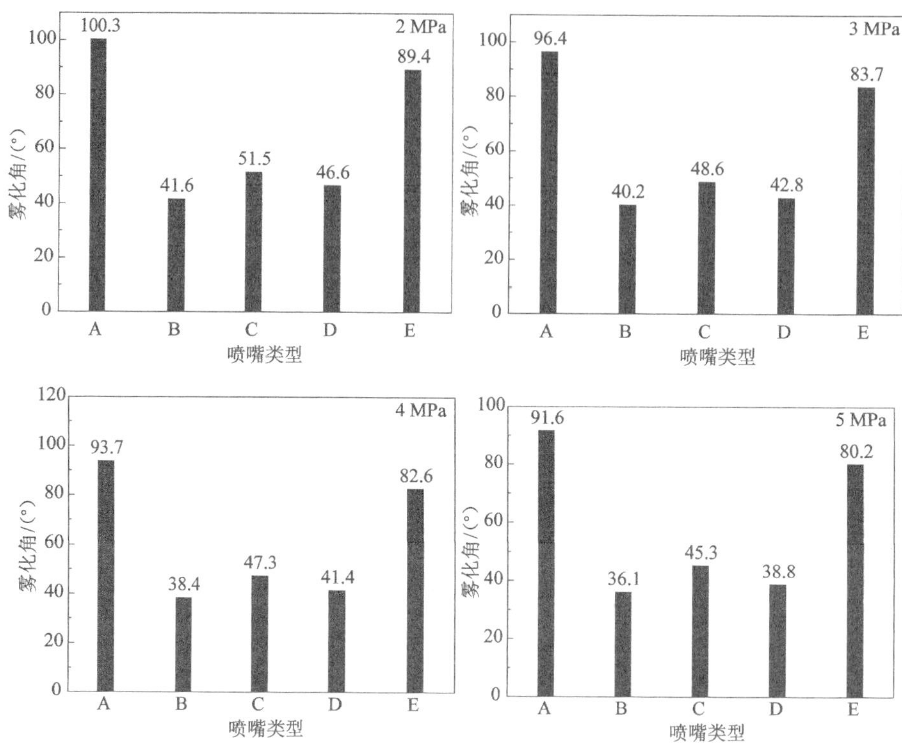


图 2.12　不同喷嘴在 2～5 MPa 压力下的雾化角

**表 2.4　射程测试结果**

| 喷嘴编号 | 压力/MPa | 射程/m | 喷嘴编号 | 压力/MPa | 射程/m |
| --- | --- | --- | --- | --- | --- |
| A1 | 2 | 1.9 | C3 | 4 | 1.6 |
| A2 | 3 | 2.3 | C4 | 5 | 1.8 |
| A3 | 4 | 2.2 | D1 | 2 | 2.3 |
| A4 | 5 | 2.5 | D2 | 3 | 2.6 |
| B1 | 2 | 0.9 | D3 | 4 | 2.8 |
| B2 | 3 | 1.2 | D4 | 5 | 3.0 |
| B3 | 4 | 1.5 | E1 | 2 | 1.4 |
| B4 | 5 | 1.6 | E2 | 3 | 1.6 |
| C1 | 2 | 1.1 | E3 | 4 | 1.8 |
| C2 | 3 | 1.4 | E4 | 5 | 1.9 |

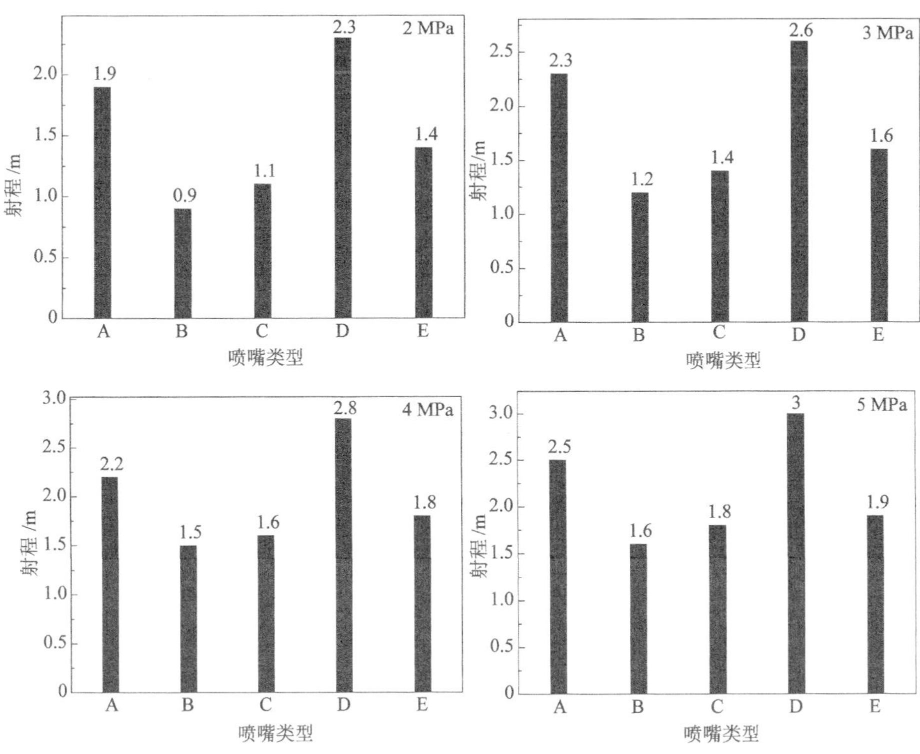


图 2.13　不同喷嘴在 2～5 MPa 压力下的射程

**表 2.5　流量测试结果**

| 喷嘴编号 | 压力/MPa | 流量/(L/min) | 喷嘴编号 | 压力/MPa | 流量/(L/min) |
|---|---|---|---|---|---|
| A1 | 2 | 4.38 | C3 | 4 | 2.84 |
| A2 | 3 | 6.19 | C4 | 5 | 3.36 |
| A3 | 4 | 7.48 | D1 | 2 | 2.85 |
| A4 | 5 | 9.58 | D2 | 3 | 3.66 |
| B1 | 2 | 2.03 | D3 | 4 | 4.72 |
| B2 | 3 | 2.75 | D4 | 5 | 5.21 |
| B3 | 4 | 3.84 | E1 | 2 | 3.84 |
| B4 | 5 | 4.52 | E2 | 3 | 4.98 |
| C1 | 2 | 2.28 | E3 | 4 | 5.47 |
| C2 | 3 | 2.67 | E4 | 5 | 6.82 |

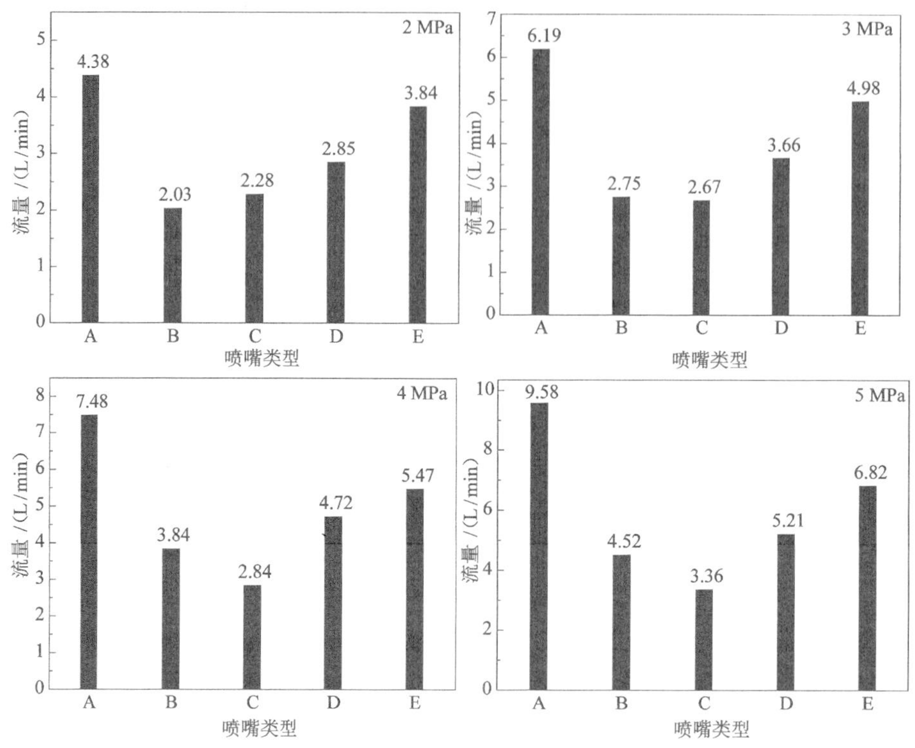


图 2.14 不同喷嘴在 2～5 MPa 压力下的流量

通过以上分析可知,A 号和 E 号喷嘴的雾化角较大,B、C 和 D 号喷嘴的雾化角很接近,每个压力下,差值都在 10°以内;A 号和 D 号喷嘴的有效射程比较远,在 2 MPa 下都超过了 1.9 m,而其他 3 类喷嘴在此压力下的有效射程最远也仅有 1.4 m(E 号喷嘴),B 号和 C 号喷嘴的有效射程仅有 0.9 m 和 1.1 m;A 号和 E 号喷嘴的流量也是 5 类喷嘴中最大的,尤其是 A 号喷嘴。流量最小的为 B 号和 C 号喷嘴,且流量变化范围也较小,4 种压力下,均在 2.0～4.6 L/min 范围内。

结合表 2.2 中每类喷嘴的结构特点来看,A 号喷嘴为直射式喷嘴,其内部阻力小,射程远,但耗水量大,且直观雾化效果较差。B 号和 C 号喷嘴为单式离心喷嘴,由于离心力作用,直观雾化效果好,但液体在喷嘴内多次改变流动方向,增加了内部流动损失和能量耗散,射程较近,流量较小。D 号和 E 号喷嘴为混合式离心喷嘴,D 号喷嘴的优点是兼顾直射式喷嘴射程远和离心雾化效果好的特点,但雾化角相对较小;E 号喷嘴充分利用外部旋面的离心作用,雾化角较大,同时流量相对较大。

### 2.3.2 试验选用喷嘴结构特点

在现有的防尘技术措施条件下，采煤生产环节产生的浮游粉尘量占全矿井总粉尘量的比例为 45%～80%，而且采煤工作面是井下的主要生产地点，工作人数多且相对比较集中，更易受到尘肺病等职业病的危害[104]。因此，开展针对采煤工作面的除尘技术研究具有十分重要的现实意义。综采工作面常常采用采煤机内外喷雾、支架喷雾等措施，选用喷嘴需要从以下两方面考虑：一是，雾化角较大、有效射程远，能够实现大面积长距离的捕尘，较少的喷嘴即可覆盖综采工作面断面；二是，喷嘴流量小，可减少工作面积水，创造良好的工作环境。也就是说，需要优选雾化角相对较大、射程相对较远及流量相对较小的喷嘴。A 号喷嘴的雾化角和射程均满足综采工作面的要求，但由表 2.2 可知，A 号喷嘴的喷雾形状为扇形，虽然雾化角较大，但与粉尘接触的面积较少，不适合降尘，但隔尘效果好。而 D 号喷嘴是雾化角、流量及射程相对比较均衡的喷嘴类型，可以满足综采工作面生产的要求。因此本书将选用该款喷嘴作为研究对象，对喷嘴结构与工作性能的作用规律进行深入的研究。图 2.15 为该款压力型喷嘴的实物图。

(a) 正视图

(b) 入口面

(c) 出口面

图 2.15 旋芯式压力喷嘴

为了解所选喷嘴的内部结构参数，采用线切割方法将喷嘴沿中轴线切开，图 2.16 所示为切割开的喷嘴。喷嘴的结构分为两部分：一是简单直射式喷嘴腔体，由进口直通段、内锥角收缩段、出口圆柱段三部分组成[105]；二是一个内置旋芯，该旋芯由带有正方形“缺口”的倾斜面组成，由于倾斜面的存在，射流通过缺口后的速度大小及方向均会发生变化，从而对射流特性产生影响。

### 2.3.3 旋芯式压力喷嘴内流场概述

#### 2.3.3.1 速度分布特性

通过切割喷嘴内部结构发现，旋芯靠近喷嘴出口，也就是说，液体进入喷嘴

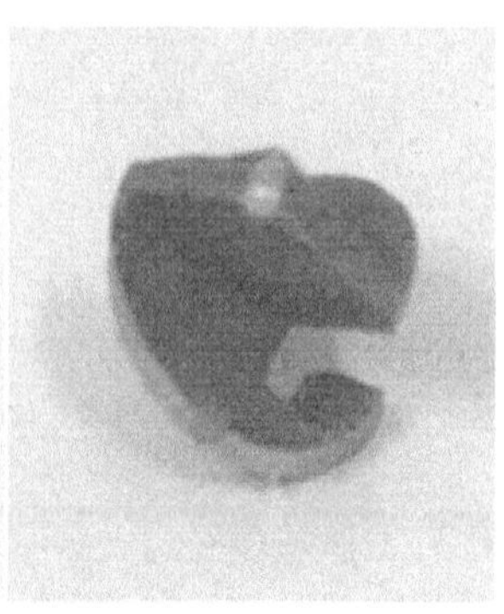

图 2.16　旋芯式压力喷嘴切割图

后不久，便绕旋芯做螺旋运动，如图 2.17 所示。在旋转区取一微元体，定义长度为 d$s$，宽度为 d$r$，高度为 d$z$，如图 2.18 所示[106]。

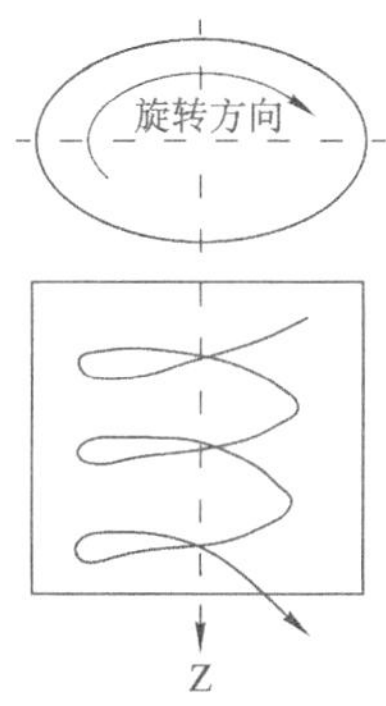


图 2.17　流体经过旋芯后的运动

图 2.18　微元体

对于理想流体，喷嘴内伯努利方程为：

$$H=\frac{p}{g\rho_{\mathrm{w}}}+\frac{u_x^2}{2g}+\frac{u_y^2}{2g}+\frac{u_z^2}{2g} \tag{2.14}$$

式中　$H$——流体总压头，m；

$p$——流体静压力，Pa；

$\rho_{\mathrm{w}}$——流体密度，kg/m$^3$；

$u_x$——流体切向速度，m/s；

$u_y$——流体径向速度，m/s；

$u_z$——流体轴向速度，m/s；

$g$——重力加速度，m/s$^2$。

假设径向速度和轴向速度沿径向无变化，则式(2.14)对半径 $r$ 微分，得到如下公式：

$$\frac{\mathrm{d}H}{\mathrm{d}r}=\frac{1}{g\rho_{\mathrm{w}}}\frac{\mathrm{d}p}{\mathrm{d}r}+\frac{u_x}{g}\frac{\mathrm{d}u_x}{\mathrm{d}r} \tag{2.15}$$

沿径向作用在该微元体 $\mathrm{d}r\mathrm{d}s\mathrm{d}z$ 上的静压力与离心力平衡，即

$$\mathrm{d}p\mathrm{d}s\mathrm{d}z=\rho_{\mathrm{w}}\mathrm{d}r\mathrm{d}s\mathrm{d}z\,\frac{u_x^2}{r} \tag{2.16}$$

也可用下式表达，即

$$\frac{\mathrm{d}p}{\mathrm{d}r}=\rho_{\mathrm{w}}\,\frac{u_x^2}{r} \tag{2.17}$$

将式(2.17)代入式(2.15)可得到旋转运动流体能量的微分方程，即

$$\mathrm{d}H=\frac{u_x}{g}\left(\frac{\mathrm{d}u_x}{\mathrm{d}r}+\frac{u_x}{r}\right)\mathrm{d}r \tag{2.18}$$

在稳定流体状态下 $\mathrm{d}H=0$，代入式(2.18)并积分得

$$u_x r=C \tag{2.19}$$

式(2.19)就是切向速度的变化规律，$r$ 为旋转轴心距离，$C$ 为常数。因此，不考虑流动损失，存在一个半径 $r_{\mathrm{w}}$ 使得流体的切向速度 $u_x$ 达到最大值。但流体在喷嘴内部的流动状况与我们所假定的情况有所不同，因而其切向速度的变化规律也会与计算值有所不同，图 2.19 为理论值与实际值之间的差距。

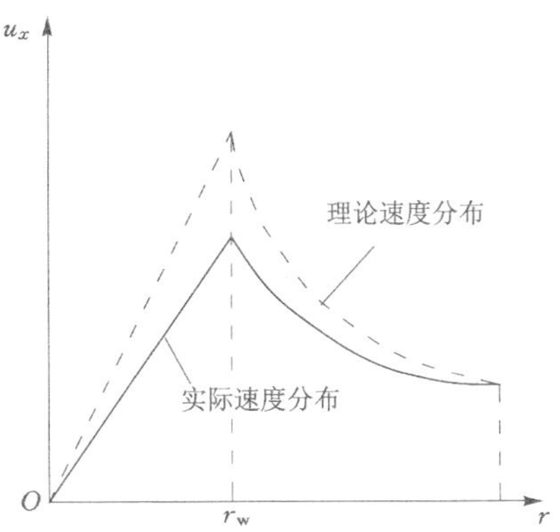


图 2.19　实际切向速度分布图

其径向速度分布规律与上式相同，而轴向速度沿轴向及径向的分布规律相对较复杂，目前仍很难进行理论分析，必须依靠试验测定。

#### 2.3.3.2　压力分布特性

径向分速度及轴向分速度沿半径方向的变化比切向分速度要小得多，因此可利用切向分速度沿半径的分布规律来近似分析压力的变化。图 2.20 为旋转

流体的压力分布曲线及切向分速度分布曲线[107]。在势流旋转区其压力分布曲线类似向下开口的抛物线,流体压力随旋流半径的增加而不断变大。这种分布特征与自然界中龙卷风的压力分布特点和抽吸现象相似。

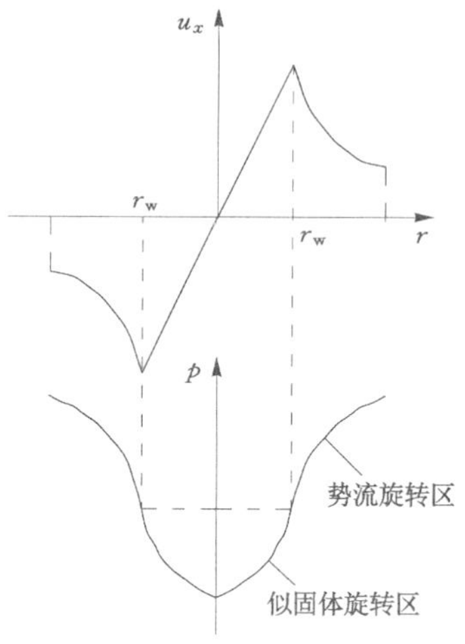


图 2.20　压力分布特征

## 2.4　旋芯式压力喷嘴关键结构参数确定

喷嘴的结构尺寸对喷嘴的雾化性能起决定性作用,必须了解喷嘴性能与喷嘴结构参数之间的关系,才能为降尘喷嘴结构设计提供理论指导。本书所选用喷嘴是由直射式喷嘴内部加一个旋芯组合而成,其内部腔体结构参数参照直射式喷嘴[108],如图 2.21 所示。其结构参数包括入口直径 $D_1$、腔体长度 $L_1$、收缩角 $\alpha_1$、出口圆柱段长度 $L_2$、出口直径 $D_2$ 和倒角的曲率半径 $\rho$,此外还有内壁粗糙度 $\Delta$ 等。旋芯主要有两个作用,一是,使水喷出前具有横向分速度,以一定扩散角度高速运动;二是,具备加旋作用,提高雾化效果,其结构示意图如图 2.22 所示,它的结构参数包括过水面积 $A$、旋芯旋角 $\alpha_2$。虽然,喷嘴的结构参数有很多,但喷嘴的基本性能主要由喷嘴入口直径 $D_1$、收缩角 $\alpha_1$、出口圆柱段长度 $L_2$、出口直径 $D_2$、过水面积 $A$ 和旋芯旋角 $\alpha_2$ 这 6 个关键参数确定。

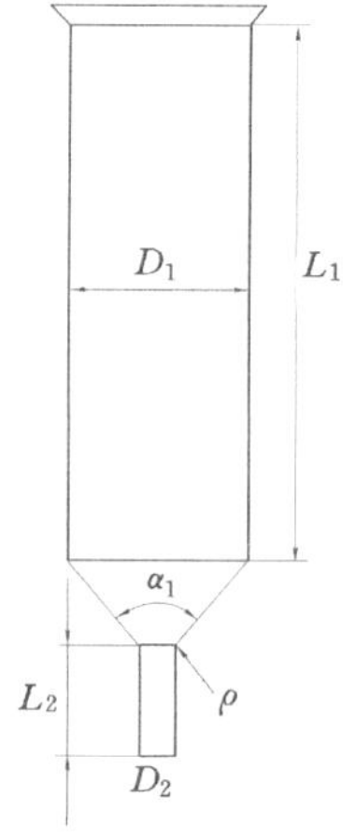


图 2.21　喷嘴腔体结构参数图

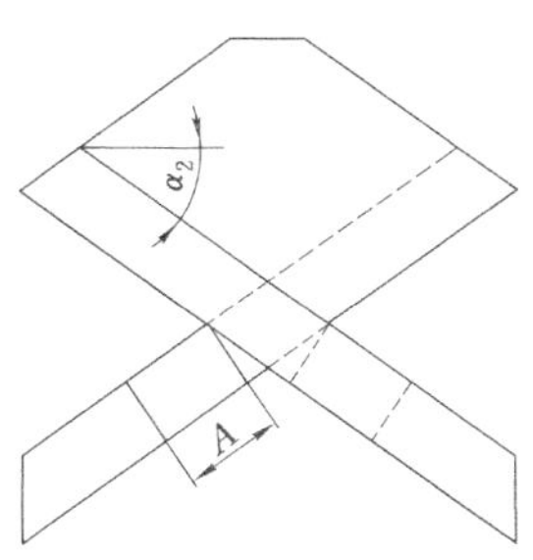


图 2.22 旋芯结构参数图

利用游标卡尺测量喷嘴内外部结构尺寸，见表 2.6。根据测量结果，利用 SolidWorks 制图软件建立旋芯及喷嘴整体装配的三维模型，如图 2.23 所示。该模型作为下一章喷嘴内流场数值仿真模型，模拟水由喷嘴口流入经过内流场再由喷嘴出口喷出的过程。

**表 2.6 喷嘴的结构参数表**

| 参数 | $L_1$/mm | $D_1$/mm | $\alpha_1$/(°) | $D_2$/mm | $L_2$/mm | $A$/mm$^2$ | $\alpha_2$/(°) |
|---|---|---|---|---|---|---|---|
| 数值 | 15 | 5 | 100 | 1.5 | 6 | 1 | 35 |

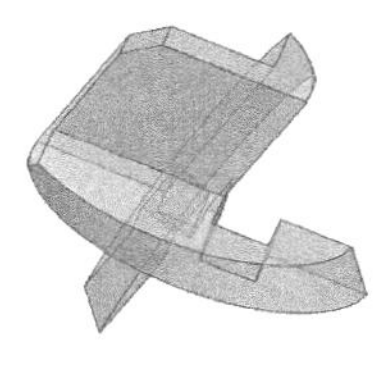

(a) 旋芯结构

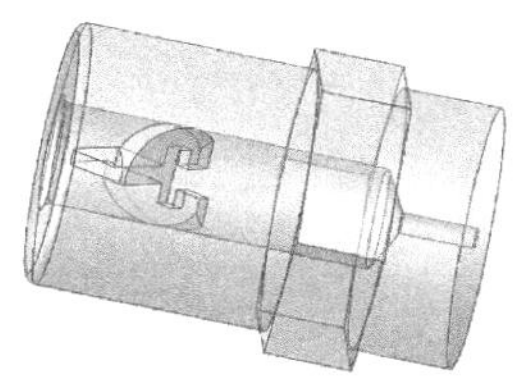

(b) 喷嘴模型

图 2.23 喷嘴三维模型图

下面简单介绍喷嘴设计时，各个结构参数对射流的影响作用。

(1) 喷嘴的直径(包括入口直径 $D_1$ 和出口直径 $D_2$)

在一个稳定的喷雾系统中，设计的喷嘴入口直径 $D_1$ 应该为一定值，喷嘴的出口直径是喷嘴设计时首先要选定的重要参数，也是确定其他参数的依据。一般情况下，喷嘴直径的大小主要是考虑喷射速度和喷孔是否有堵塞的危险。孔径大，喷射速度降低，堵塞的危险也就减少[109]。综合上述两个方面，在设计时，孔径的选择通常以增加流体喷射速度为主，取较小值。而对由此引起的喷嘴堵塞的危险，则应采用过滤进水和加强喷嘴的自清作用等措施来降低。

(2) 喷嘴的长径比(包括 $L_1/D_1$ 和 $L_2/D_2$)

喷嘴入口段长径比($L_1/D_1$)对射流性能无多大影响,但比值过大会导致压力损失大。喷嘴的出口长径比($L_2/D_2$)是影响射流状态的另一个重要参数,它直接影响到喷嘴的流动阻力、流量系数等。它的大小决定了喷孔属薄壁孔还是细长孔,从而使经过喷嘴的水流具有不同的流动状态。根据流体力学原理,细长孔具有较高的流量系数,因此具有较高的压力能-喷射速度转化效率。当出口直径确定后,需根据实际需求设计合理的出口圆柱段长度,一般而言,取圆柱段长度为喷嘴出口直径的 2.5～3 倍最合适。

(3) 喷嘴收缩角 $\alpha_1$

喷嘴的收缩角是决定喷嘴流动阻力的主要因素,其值的大小主要影响出口扩散情况,并对射流的发展有一定的影响。如果收缩角过小,在喷射过程中将产生一定的附壁现象,对射流有一定程度的扰动,因而射流的不稳定性增加,射流的破裂和卷吸都较明显,使射流的连续长度减少,降低了喷出雾化区范围。

(4) 旋芯旋角 $\alpha_2$

流体经过旋流叶片后可产生旋转速度,离开喷嘴时,流体既具有轴向速度,又具有径向速度和切向速度。

降尘用喷嘴的原始设计参数应该由实际降尘效果试验或者相关规范来确定,对于不同工作场所、不同尘源的粉尘,降尘所选用喷嘴的雾化角、射程、流量等雾化参数也有所不同,因而其喷嘴设计尺寸也将作出相应的调整。从实际降尘需要来看,除了对雾滴粒径、速度提出要求,还需要综合考虑雾化角、流量、射程等因素,才能够实现大面积长距离的捕尘,并且减少耗水量,为工人创造良好的工作环境。在这之前,需要全面分析喷嘴内外流场的雾化特性,建立喷嘴参数与雾场之间的关系,摸清喷嘴结构及工况条件对雾场参数的影响,从而为设计出针对不同需求的降尘喷嘴提供基础数据。

# 3 喷嘴内部流场数值模拟及分析

通过上一章分析可知，降尘需求对喷嘴性能提出了一定的要求。因此，要想获得良好的降尘效果，必须对喷嘴的雾化性能展开深入研究。喷嘴内部流体的运动状况取决于喷嘴的结构尺寸，并决定了喷嘴的出口状态，而喷嘴的出口状态直接影响其雾化效果。因此，喷嘴结构与内流场应该是首要关心的问题，本章首先对所选用喷嘴的内流场进行数值模拟分析，研究喷嘴几何参数对内流场的影响规律，为进一步优化喷嘴提供有效数据。

## 3.1 旋芯式压力喷嘴内部流动概述

所选旋芯式压力喷嘴(以下简称旋芯喷嘴)的工作过程示意图如图 3.1 所示。工作时，液体在喷嘴内腔先沿直线运动，经过旋芯后，液体获得离心力，并做高速旋转运动。越靠近轴心，旋转速度越大，静压力越小，在喷嘴出口附近会形成一个锥形气芯(压力等于大气压)，同时液体静压能在喷嘴出口处转变成向前运动的液体动能，从喷嘴出口喷出。当液体脱离喷嘴后，射流具有的切向速度转化成了径向速度，使其向径向方向发展。具有径向分速度和轴向分速度的液体，以其合速度在空间运动，运动方向与轴向夹角的正切为[110]：

$$\tan\frac{\theta}{2}=\frac{\omega_\theta}{\omega_z} \tag{3.1}$$

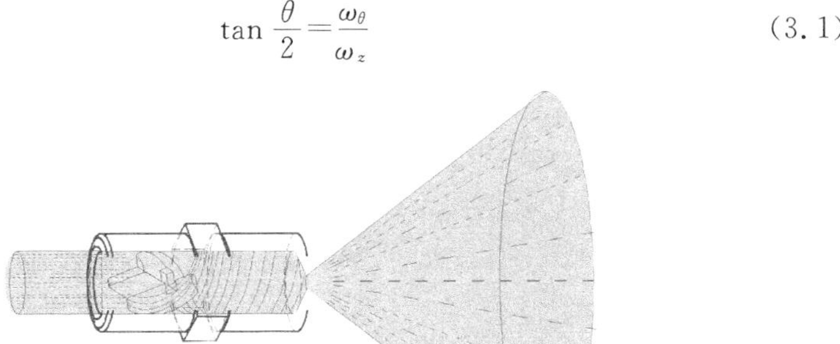

图 3.1 旋芯喷嘴工作示意图

如此，在喷嘴出口位置便形成一个 $2\theta$ 的圆锥面。这也就是工程上所说的雾化角。边界突变所产生的射流表面不稳定波的作用以及与空气介质之间的摩擦作用，随时间和空间迅速发展，使液膜伸长变薄、破碎，最后分裂成雾滴，达到雾化的目的。

本模型对实际物理现象进行了如下假设：

(1) 喷嘴内流场为恒温流场，介质为常温不可压缩液体(水)；

(2) 喷嘴的出口与入口的势能差很小，忽略不计；

(3) 忽略供水管路的压差，假设供水水压即为喷嘴的入口水压；

(4) 流经喷嘴的水没有脱壁现象，即进口流量系数为 1。

## 3.2 喷嘴内流场数值模拟

如今，喷嘴雾化问题的研究方法包括理论分析、数值模拟和试验研究。理论分析是基于数学推导，结果准确，但往往需要抽象和简化计算对象，因此其应用范围有限；试验研究尽管结果最为可靠，但成本太大，另外还有某些现象难以通过试验测量，并且测量结果误差较大。随着计算流体动力学(computational fluid dynamic，CFD)的发展，越来越多的学者选择数值模拟的方法进行研究[111-114]。尽管数值模拟方法也存在一些缺点，比如，受数学模型限制，存在计算误差，但依然可兼顾解决上述两种方法的缺点。

CFD 是通过计算机数值计算和图像显示，对包含有流体流动和热传导等相关物理现象的系统分析。CFD 采用离散的观点，用一系列离散的点的集合来描述原本是连续的物理量，如速度场和压强场，通过一定的原则和方式建立起关于这些离散点上场变量之间的关系代数方程组，然后求解代数方程组获得场变量的近似值。图 3.2 表示采用 CFD 方法对流体进行数值模拟的步骤[115]。

FLUENT 是目前国际上比较流行的商用 CFD 软件包，该软件具有丰富的物理模型、先进的数值算法和强大的后处理功能，在流体领域内得到广泛应用。因此，本书采用 FLUENT 软件对喷嘴内部流体特征进行研究。FLUENT 以有限体积法为基础，通过求解偏微分方程(单场)或偏微分方程组(多场)来实现真实物理现象的仿真。

### 3.2.1 多相流模型及湍流模型的选取

FLUENT 里有三种欧拉-欧拉多相流模型，即 VOF(volume of fluid)模型、Mixture(混合)模型和 Eulerian(欧拉)模型。文献资料显示，VOF 模型适应于分层的或者自由表面流动，而 Mixture 模型和 Eulerian 模型适应于流动中有相

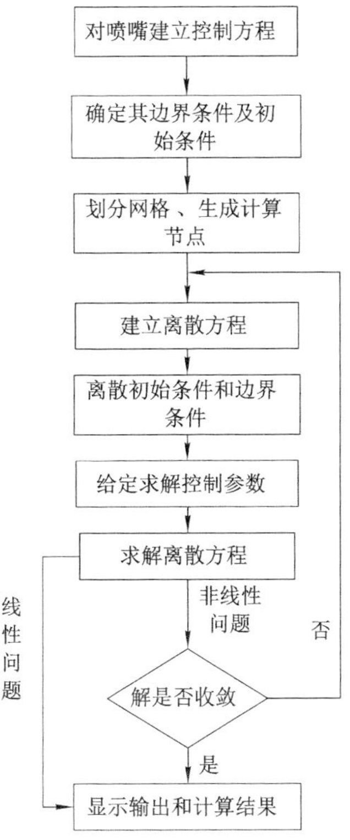


图 3.2 CFD 计算流程

混合或者分离,或者分散相的体积分数超过 10%的情形[116]。喷嘴出口后与空气混合,因此在出口位置会有气液两相分层流动的情况,因此更适合选用 VOF 模型。

湍流模型是湍流流动数值模拟的基础,不同的湍流模型有着各自的适应性。选用的旋芯喷嘴内部是一种复杂的旋转流动,同时存在流体旋转与流体弯曲,还有回流现象。由于旋芯的存在,旋转流动中增加了离心力引起的附加应力项,这些附加项对于湍流结构的影响很大,对湍流模型的适用性跟通用程度都是一个考验。目前广泛使用的湍流模型包括标准 $k$-$\varepsilon$ 模型、RNG $k$-$\varepsilon$ 模型、大涡模型(LES)、雷诺应力模型(RSM)等[117]。

最初学者们普遍采用标准 $k$-$\varepsilon$ 模型,该模型由 Launder 和 Spalding 提出,它是个半经验公式,是从试验现象中总结出来的。但随后发现该模型在强旋流或者弯曲面流动下会失真,经过修正后得到的 RNG $k$-$\varepsilon$ 模型能更好地应对上述问题,特别是应对喷嘴内部这种壁面弯曲程度高的流动,因此选用该模型。

该模型在湍流耗散率方程中引入了一个附加项，使其计算精度更高，可以对旋流等非均匀湍流问题进行数值求解。与之相对应的运输方程为[118]：

$$\frac{\partial(\rho k)}{\partial t}+\frac{\partial(\rho k\mu_i)}{\partial x_i}=\frac{\partial}{\partial x_j}\left[(\alpha_k\mu_{eff})\frac{\partial k}{\partial x_j}\right]+G_k+\rho\varepsilon \tag{3.2}$$

$$\frac{\partial(\rho\varepsilon)}{\partial t}+\frac{\partial(\rho\varepsilon\mu_i)}{\partial x_i}=\frac{\partial}{\partial x_j}\left(\alpha_\varepsilon\mu_{eff}\frac{\partial\varepsilon}{\partial x_j}\right)+\frac{C_{1\varepsilon}^*}{k}G_k-C_{2\varepsilon}\rho\frac{\varepsilon^2}{k} \tag{3.3}$$

湍流中单位质量流体脉动动能耗散率 $\varepsilon$，即各向同性的小尺度涡的机械能转化为热能的速率被定义为：

$$\varepsilon=\frac{\mu}{\rho}\overline{\left(\frac{\partial\mu'_i}{\partial x_k}\right)\left(\frac{\partial\mu'_i}{\partial x_k}\right)} \tag{3.4}$$

式中，$\frac{\mu}{\rho}$为流体的分子黏性，重复的下标表示求和。

湍动黏度 $\mu_t$ 可表示成 $k$ 和 $\varepsilon$ 的函数，即

$$\mu_t=\rho C_\mu\frac{k^2}{\varepsilon} \tag{3.5}$$

式中，$C_\mu$ 为经验常数。

$G_k$ 是由于均速度梯度引起的湍动能 $k$ 的产生项，其计算公式为：

$$G_k=\mu_t\left(\frac{\partial u_i}{\partial x_j}+\frac{\partial u_j}{\partial x_i}\right)\frac{\partial u_i}{\partial x_j} \tag{3.6}$$

式中，其他参数的计算公式如下：

$$\mu_{eff}=\mu+\mu_t \tag{3.7}$$

$$C_{1\varepsilon}^*=C_{1\varepsilon}-\frac{\eta(1-\eta/\eta_0)}{1+\beta\eta^3} \tag{3.8}$$

$$\eta=(2E_{ij}E_{ij})^{1/2}\frac{k}{\varepsilon} \tag{3.9}$$

$$E_{ij}=\frac{1}{2}\left(\frac{\partial u_i}{\partial x_j}+\frac{\partial u_i}{\partial x_i}\right) \tag{3.10}$$

式(3.2)～式(3.10)中，$C_{1\varepsilon}$和$C_{2\varepsilon}$为经验常数，分别取 1.44、1.92；$C_\mu$、$\alpha_k$、$\alpha_\varepsilon$、$\eta_0$ 和 $\beta$ 为模型常数，分别取 0.084 5，1.39，1.39，4.377 和 0.012。

### 3.2.2 网格划分

喷嘴流动计算区域从喷嘴入口直到出口，模拟水流自喷嘴入口进入，在旋芯处旋转流动并经过渐缩段、出口圆柱段最终由喷嘴出口射出的过程。网格划分是流场数值计算前的一项重要工作，划分网格的目的是把求解域分解成可得到精确解的适当数量的单元，合理的网格划分既可保证求解准确，又可提高运算效率[119]。本章网格划分采用 ANSYS 16.0 自带的 Meshing 软件，该软件提供了

自动网格划分、四面体网格划分、六面体网格划分、扫掠网格划分、CFX-网格划分和多区域网格划分等 6 种划分方法[120]。为减少计算误差,避免方程求解过程中带来的假扩散问题,选用自动网格划分,它的优点是将四面体网格划分(patch conforming)与扫略网格划分结合起来,根据几何体的复杂程度,自动识别可扫略体进行扫略网格划分,其余划分为四面体。这样既可减少交接面,也可保证网格划分密度。按照上述方法粗略划分网格后,为了能较好地适应流场的变化特点,再对网格进行细化(refinement),在结构尺寸突变区域(旋芯、收缩角、出口等)布置较密的网格,做到网格疏密有致。最后,兼顾计算精度与计算效率,喷嘴流动计算的网格数量在 32 万左右,最终的网格划分如图 3.3 所示。

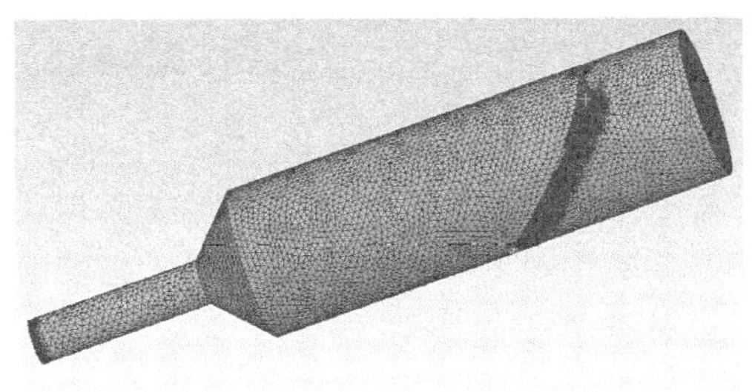

图 3.3 网格划分图

### 3.2.3 边界条件和初始条件的设置

建立喷嘴几何模型并划分网格之后,需要对模型进行边界条件设定,只有给定了合理的边界条件,才能得到合理的流场的解。结合水在喷嘴内部的实际流动情况,在 FLUENT 求解器中选择基于压力的瞬态流动,喷嘴左边界定义为喷嘴的压力入口条件,右边界定义为喷嘴的压力出口条件,操作压力设置为 101 325 Pa(大气压)。其他位置均为壁面并采用标准壁面函数。水为第一相,空气为第二相。

表压(即静压)=绝对压力-操作压力,则表压表示相对于大气压的压力。初始条件设置中,入口第一相的体积分数设为 1,第二相的体积分数设为 0,表压设为 2 000 000 Pa,水力直径设为 5 mm,出口第二相回流比设为 1,表示发生回流时,回流全部为气体,表压设为 0 Pa,水力直径设为 1.5 mm,对于 RNG $k$-$\varepsilon$ 模型,还需给出入口及出口回流情况的湍流强度,由于该值没有实测值,只能依靠经验进行估算,常用的湍流强度计算公式为:

$$I=\frac{u'}{\bar{u}}=0.16(Re_{\mathrm{DH}})^{-1/8} \tag{3.11}$$

式中 $u'$——湍流脉动速度；

$\bar{u}$——湍流平均速度；

$Re_{DH}$——雷诺数。

根据胡鹤鸣的研究[121]，旋流喷嘴内流动的雷诺数在 $10^5$ 左右，故出入口的湍流强度给定 4%。

## 3.3 模拟结果与分析

### 3.3.1 喷嘴内流场特性分析

(1) 喷嘴内部速度分布特征

图 3.4 为旋芯喷嘴的内流场速度流线图，通过该图可直观看到液体在喷嘴内部的流动过程：液体在几何突变位置（旋芯处和收缩角）发生速度梯度变化，经过旋芯后，在喷嘴内部明显出现旋流特征，也就是说液体流动的旋转动量来自旋芯，旋芯独特的螺旋设计带动轴向入流产生旋转，在向出口流动过程中，旋转动量不断传递到内层的轴向入流之中，液体的运动轨迹近似为一条条螺旋曲线，在出口处速度达到最大值。

图 3.4 旋芯喷嘴的内流场速度流线图

图 3.5 和图 3.6 为旋芯喷嘴轴截面的速度分布云图和矢量图，其中，中空的菱形部位是旋芯作为固体壁占据的位置。结合图 3.5 和图 3.6 可以分析水在喷嘴内部的流动状态：水刚进入喷嘴时，速度分布均匀（4 m/s 左右），当经过旋芯后，流体速度逐渐增大，且靠近管壁的速度大于轴向附近的速度，这也说明，旋转速度是由射流外部向内层传递的。进入收缩角区域时，流体速度忽然增大，至收缩角出口，速度达到峰值（56 m/s 左右）。随着流体的涌出，截面出现“颈缩”现象，这主要是因为流经收缩角过程中流体的流速方向发生改变，发生转向损失，

要消耗一部分能量，流体总速度降低[122]。到达出口后，呈现“凸”形涌出，流体靠近管壁的速度小于靠近轴线的速度。可见，喷嘴的速度增量主要产生于渐缩段区域。而由于旋芯作用，其内流场的速度分布不是很均匀。

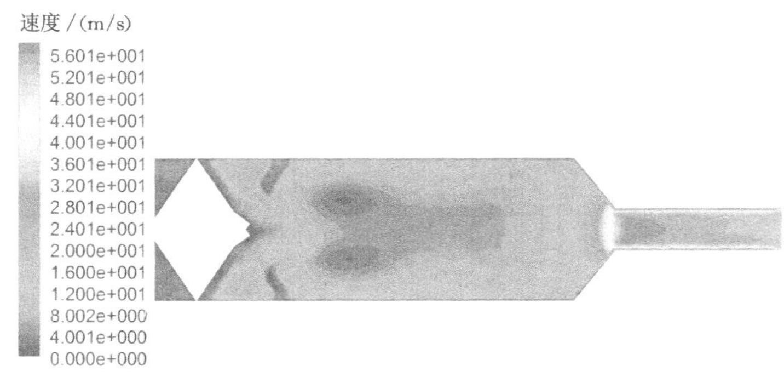


图 3.5　旋芯喷嘴内流场速度分布云图

图 3.6　旋芯喷嘴内流场速度矢量图

(2) 喷嘴内部压力分布特征

由图 3.7 的旋芯喷嘴压力云图可知，一开始压力为 2 MPa，至旋芯后压力逐渐减小。并且从喷嘴内壁面到喷嘴中心液体压力逐步减小，经过收缩角后，压力明显降低，到喷嘴口时压力损失达到最大，喷嘴内部液体的高速旋转运动使喷嘴内部形成负压。

(3) 喷嘴内部旋流发展过程

截面流场可以直观表示出旋转流动的整体趋势，为了更深入了解旋芯喷嘴内部的运动情况，选取旋芯后、收缩角后、出口处 3 个典型截面，其具体位置如图 3.8 所示，作出其平面速度矢量图，如图 3.9 所示。

图 3.7　旋芯喷嘴内流场压力云图

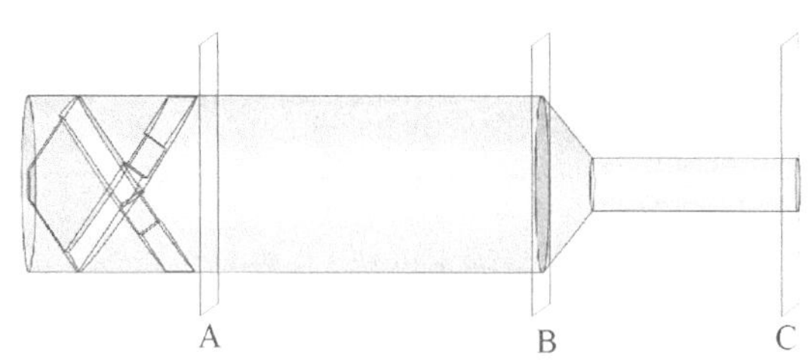


图 3.8　3 个喷嘴内部横切截面

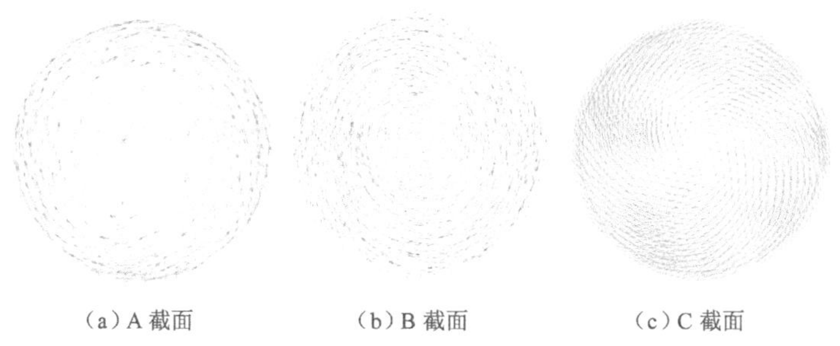

(a) A 截面　(b) B 截面　(c) C 截面

图 3.9　不同截面速度矢量图

通过图 3.9 可以清晰地看出，各个截面的流场呈现明显的旋流涡旋状态，经过收缩角后，渐变收缩段内流道被束窄，旋转流动逐渐被强化，并且，截面中心附近旋转流动相对较弱，旋转流动集中在截面外缘的一定半径范围之内，从目前的研究来看，这主要是截面中心附近流体被轴向入流占据而旋转流动不充分的缘故[123]。至喷嘴出口处，旋流仍具有很高的旋转程度，并且速度分布越来越均匀，形成了比较稳定的同心旋转。

(4) 喷嘴出口三维速度场分布特性

喷嘴内部流动影响喷嘴出口速度,进而对雾场参量产生影响。可见,出口速度对于雾场特性分析是一个有重要参考价值的参数。因此有必要分析出口截面的三维速度分布特征,具体结果如图 3.10～图 3.12 所示。

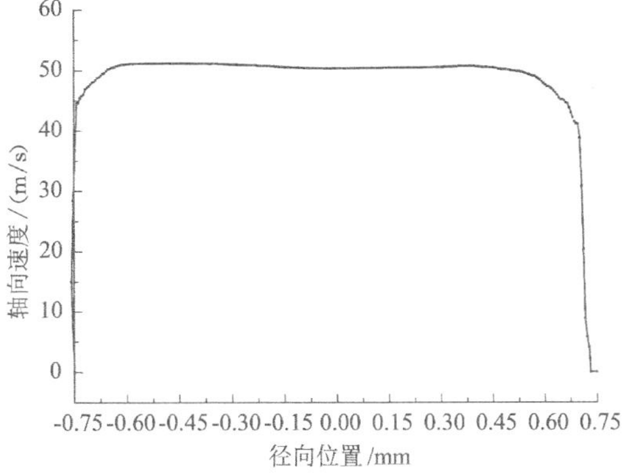


图 3.10 出口截面径向位置轴向速度分布曲线

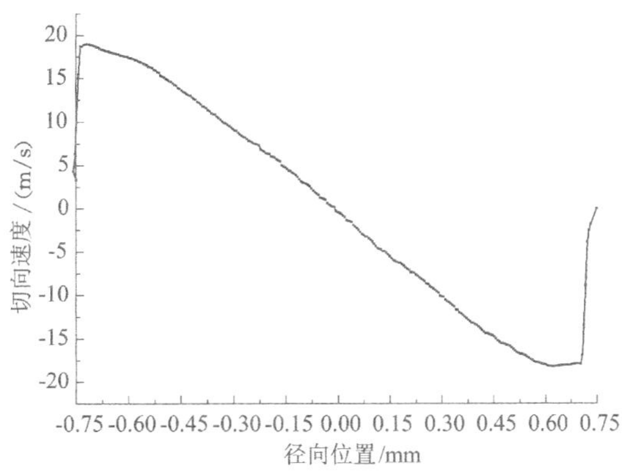


图 3.11 出口截面径向位置切向速度分布曲线

图 3.10～图 3.12 为出口截面径向直径方向的三维速度分布曲线图。轴向速度分布可以描述流体向前运动的过程,从图 3.10 中可以看出,轴向速度呈现“抛物线”式分布,圆心附近的速度最大,为 50 m/s 左右,随着径向距离的增大,射流速度逐渐下降,但波动范围不大,说明轴向速度分布均匀。切向速度分布可以描述旋转流动的发展情况,并且射流离开喷嘴后,切向旋转速度会转化成射流的径向速度,从图 3.11 中可以看出,切向速度在圆心处为 0,随着径向距离增大

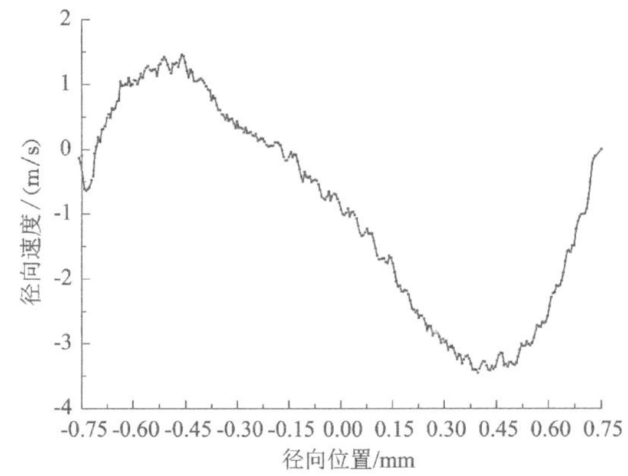


图 3.12　出口截面径向位置径向速度分布曲线

而呈线性增加，到喷嘴壁，径向速度达到最大，为 20 m/s 左右。从图 3.12 可以看出，径向速度在圆心处也为 0，随着径向距离增大经历先增大后减小的过程。从模拟的定量结果来看，三维速度中，轴向速度的数值最大，切向速度次之，二者对于喷雾的形成有着重要的影响。相比较之下，径向速度最小，且与轴向速度相差一个数量级，轴向速度最大值接近 60 m/s，而径向速度最大值也不超过 3 m/s。因此，对径向速度的理论分析意义不大，下面的研究将分析轴向速度与切向速度的变化规律。

### 3.3.2　结构参数对内流场的影响规律分析

3.3.1 节主要模拟喷嘴内流场的变化规律，如前所述，能够影响旋芯喷嘴内流场特性的几何结构包括：旋芯、收缩角和出口直径。本节在上一节研究基础上，分别研究旋芯、收缩角及出口直径这几个结构参数对内流场的影响规律。

#### 3.3.2.1　收缩角($\alpha_1$)对喷嘴内部流动特性的影响

为了获取不同收缩角下喷嘴内部及出口的射流特性，对 $\alpha_1$ 为 60°、100°和 120°时的喷嘴射流特性进行数值模拟研究，其物理模型如图 3.13 所示，除收缩角参数之外，喷嘴其他参数与初始模型保持相同，模型的网格划分方法参照 3.2.2，模拟结果如图 3.14～图 3.16 所示。

图 3.15 反映了不同收缩角对喷嘴出口截面射流轴向速度分布的影响，从图中可以看出，当 $\alpha_1=60°$时，出口轴向速度较大，$\alpha_1=100°$和 $\alpha_1=120°$时的轴向速度大体相当，但 $\alpha_1=100°$时的速度略大于 $\alpha_1=120°$时的速度。结合图 3.14 中不同收缩角下出口截面的射流速度矢量图可以发现，收缩角越大，出口的整体旋流效果略有增加，由此可推断，收缩角越大整流作用越好。不同收缩角喷嘴出口的

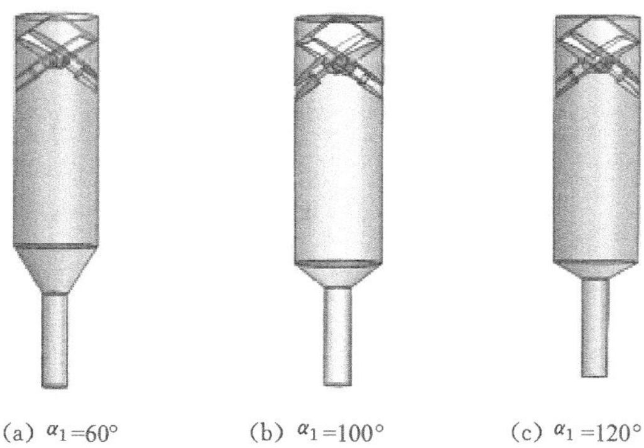


图 3.13　不同收缩角喷嘴的物理模型

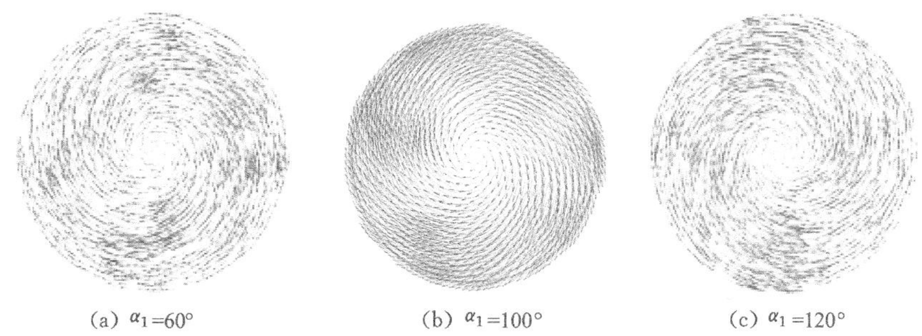


图 3.14　不同收缩角喷嘴出口截面速度矢量图

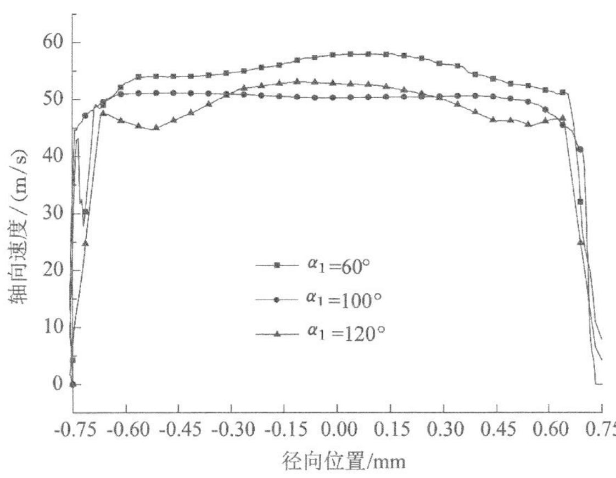


图 3.15　不同收缩角喷嘴出口轴向速度图

切向速度分布曲线(图 3.16)也显示,$\alpha_1 = 120°$时的切向速度最大。综上所述,收缩角越大,出口时射流轴向速度越小,而出口的旋转速度越大,且切向速度增加的幅度超过轴向速度。因此,用于降尘的旋芯喷嘴的收缩角应尽量大一些。

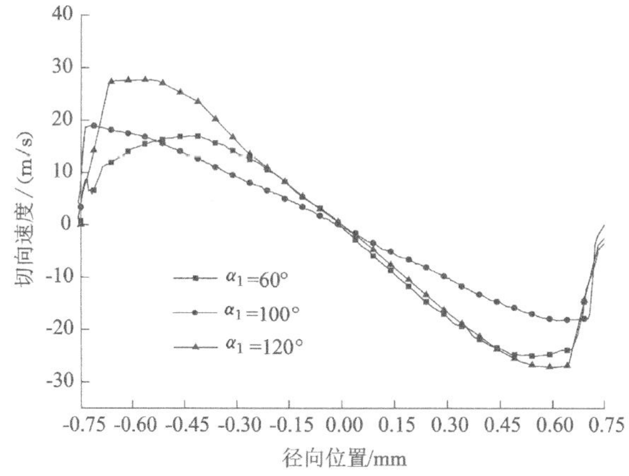


图 3.16　不同收缩角喷嘴出口切向速度图

### 3.3.2.2　出口直径($D_2$)对喷嘴内部流动特性的影响

出口直径同样影响着射流的出口速度,为了获取不同出口直径下喷嘴出口的射流特性,对 $D_2$ 为 1 mm、1.5 mm 和 2 mm 时的喷嘴射流特性进行数值模拟研究,其物理模型如图 3.17 所示,除出口直径外,喷嘴其他参数与初始模型保持相同,模型的网格划分方法参照 3.2.2,模拟结果如图 3.18～图 3.20 所示。

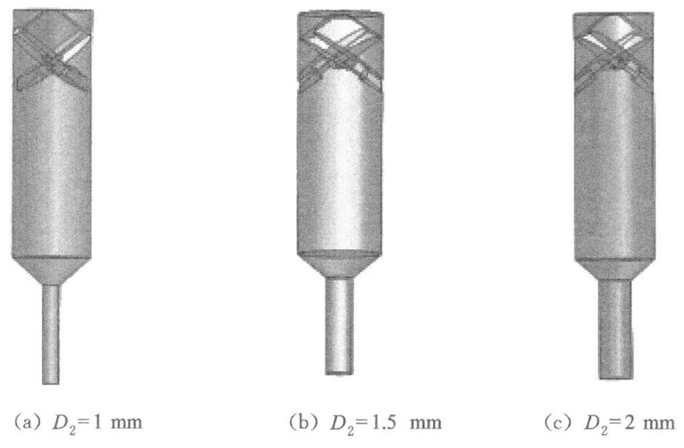

(a) $D_2$=1 mm　　(b) $D_2$=1.5 mm　　(c) $D_2$=2 mm

图 3.17　不同出口直径喷嘴的物理模型

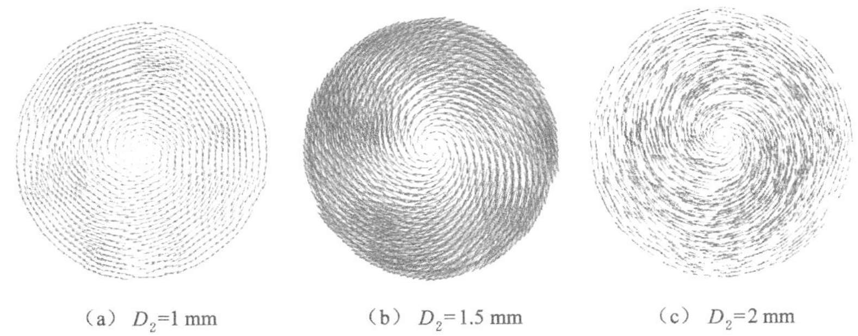


图 3.18　不同出口直径喷嘴出口截面速度矢量图

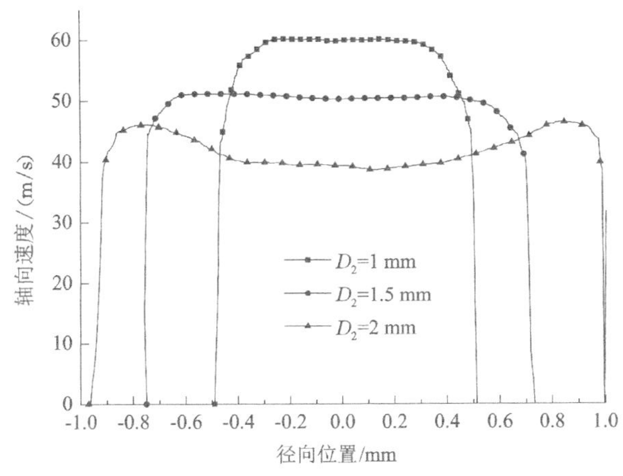


图 3.19　不同出口直径喷嘴出口轴向速度

图 3.19 为喷嘴出口直径取不同值时对出口轴向速度的影响。由图可见，轴向速度随喷嘴出口直径的变化非常明显，且呈负相关关系。即减小喷嘴直径，轴向速度明显增大。图 3.20 为不同出口直径下射流的切向速度分布曲线，与轴向速度变化趋势有所不同，当喷嘴直径从 $D_2=1$ mm 到 $D_2=1.5$ mm 时，切向速度明显增大，但从 $D_2=1.5$ mm 到 $D_2=2$ mm 时，切向速度仅略微增大。赵子行[124]在旋转射流破碎雾化机理研究中指出，在其他参数不变的情况下，增大喷嘴直径会增加喷嘴出口处的流量及初始旋流度，初始旋流度增大也就是喷嘴出口的初始切向速度增大，但直径增大到一定程度时，旋流度基本不变，这与本书的研究结果一致。通过图 3.18 的出口速度矢量图可看出，增大喷嘴出口直径，出口截面的旋流程度确实出现先增加后稳定的情况。

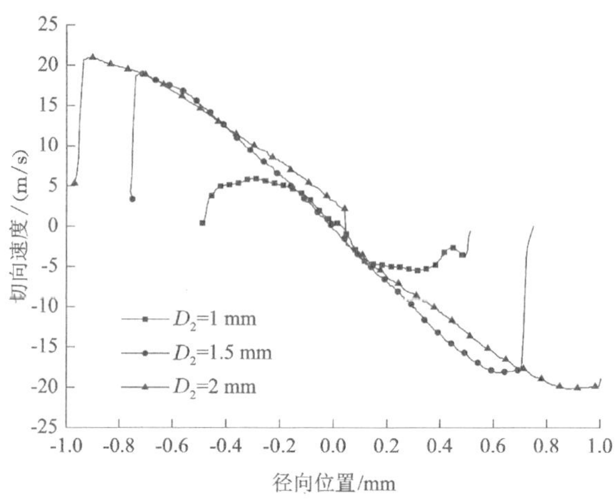


图 3.20　不同出口直径喷嘴出口切向速度图

#### 3.3.2.3　出口圆柱段长度($L_2$)对喷嘴内部流动特性的影响

通过 2.4 节可知，出口圆柱段长度可直接影响到喷嘴的流动阻力，因此有必要模拟不同出口圆柱段长度下喷嘴内部及出口的射流特性，以观察它的变化对喷嘴性能的影响，对 $L_2$ 为 3 mm($2D_2$)、6 mm($4D_2$)和 9 mm($6D_2$)时的喷嘴射流特性进行数值模拟研究，其物理模型如图 3.21 所示，除出口圆柱段长度外，喷嘴其他参数与初始模型保持相同，模型的网格划分方法参照 3.2.2，模拟结果如图 3.22～图 3.24 所示。

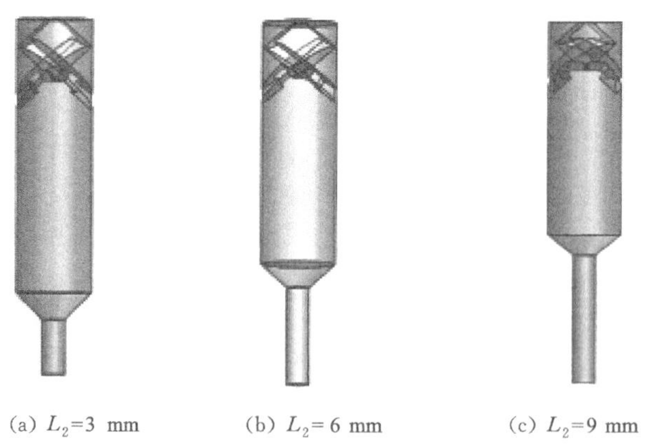

(a) $L_2$=3 mm　(b) $L_2$=6 mm　(c) $L_2$=9 mm

图 3.21　不同出口圆柱段长度喷嘴的物理模型

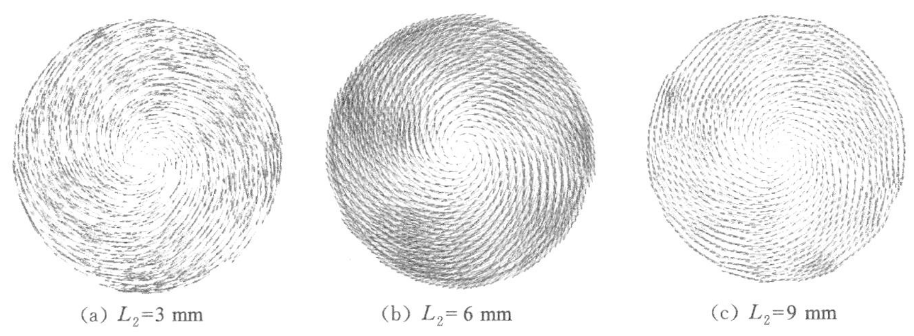

(a) $L_2$=3 mm　　(b) $L_2$= 6 mm　　(c) $L_2$=9 mm

图 3.22　不同出口圆柱段长度喷嘴出口截面速度矢量图

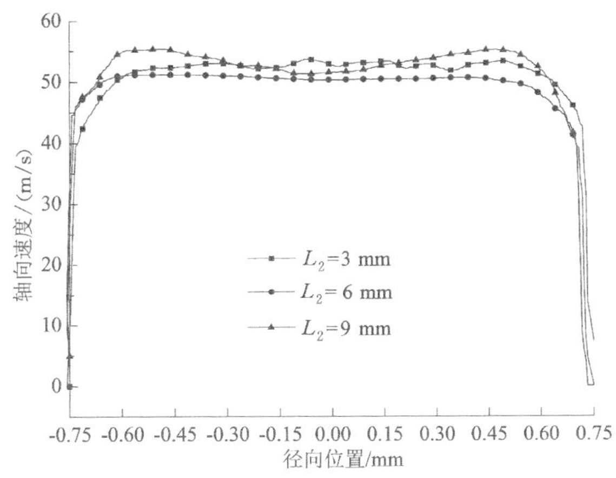


图 3.23　不同出口圆柱段长度喷嘴出口轴向速度图

图 3.23 为不同出口圆柱段长度喷嘴出口处的射流轴向速度分布图，由图可见，轴向速度变化曲线具有自相似性，中心区域附近速度最大，随着径向距离的增大，射流速度缓慢下降，至靠近喷嘴内壁，速度迅速降为 0。三种情况下的出口轴向速度相差不大，沿径向的变化幅度也很接近。图 3.24 为不同出口圆柱段长度喷嘴出口处的射流切向速度分布图，与轴向速度分布不同，出口圆柱段长度变化对切向速度的影响很大，随着出口圆柱段长度增加，切向速度不断减小，越靠近喷嘴内壁，切向速度减小幅度越大。从出口截面速度矢量的模拟结果(图 3.22)也可以看出，出口圆柱段长度增加，出口旋流程度减小。综合来看，对于降尘喷嘴而言，应尽量减少出口直柱段长度，以保证出口时雾滴具有足够的旋转速度(切向速度)。

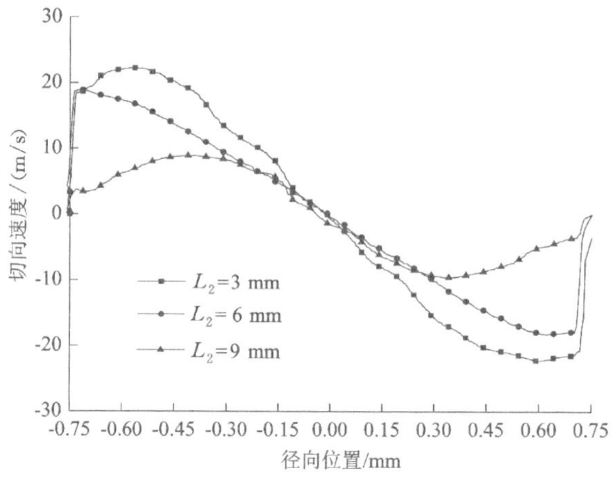


图 3.24 不同出口圆柱段长度喷嘴出口切向速度图

3.3.2.4 旋芯角度($\alpha_2$)对喷嘴内部流动特性的影响

为了获取不同旋芯角度下喷嘴内部及出口的射流特性，对 $\alpha_2$ 为 25°、35°和 45°时的喷嘴内部射流特性进行数值模拟研究，其物理模型如图 3.25 所示，模拟结果如图 3.26～图 3.29 所示。

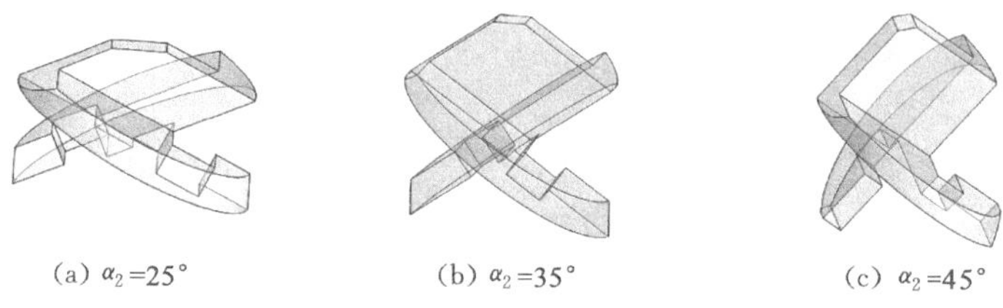


图 3.25 不同旋芯角度喷嘴的物理模型

图 3.28 和图 3.29 分别为不同旋芯角度喷嘴出口射流轴向速度和切向速度分布图。当 $\alpha_2=25°$时，喷嘴出口的轴向速度明显大于其他两个角度下的轴向速度，但其切向速度明显偏小，从图 3.26 的速度流线图也可以看出，该角度下喷嘴内部中线附近几乎不存在旋流，仅在近管壁侧出现涡旋状态，结合图 3.27 可知，此角度下，喷嘴对水流基本起不到“旋转”作用。$\alpha_2=35°$和 $\alpha_2=45°$时的轴向速度相差不大，但 $\alpha_2=35°$时的喷嘴轴向速度分布更均匀，$\alpha_2=45°$时喷嘴的轴向速度分布趋于“马鞍形”，中心单元的速度低，边缘速度高。根据图 3.26 和图 3.27 可知，其旋流效果要略好于 $\alpha_2=35°$的喷嘴。但总体而言，其速度要略低于 $\alpha_2=$

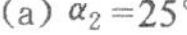
(a) $\alpha_2=25°$

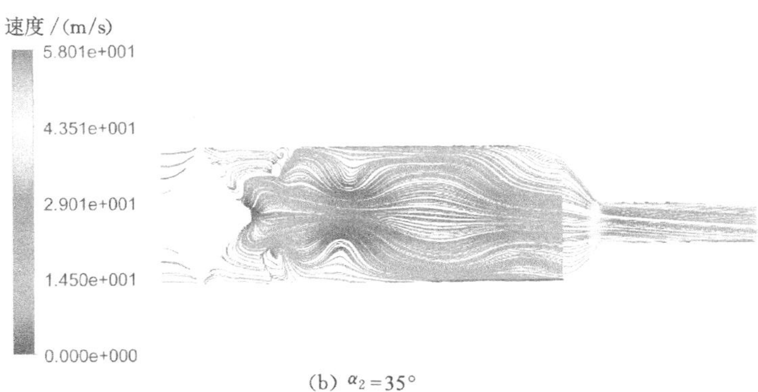


(b) $\alpha_2=35°$

(c) $\alpha_2=45°$

图 3.26　不同旋芯角度喷嘴内部速度流线图

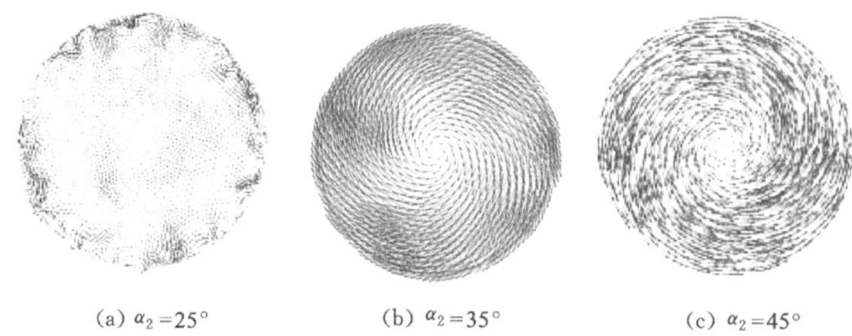


图 3.27　不同旋芯角度喷嘴出口截面速度矢量图

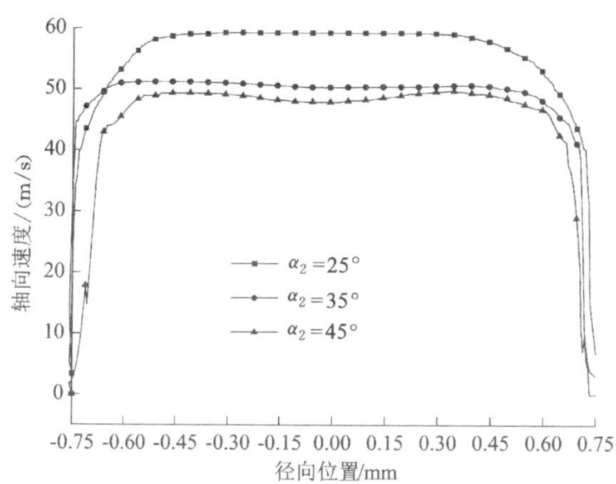


图 3.28　不同旋芯角度喷嘴出口轴向速度图

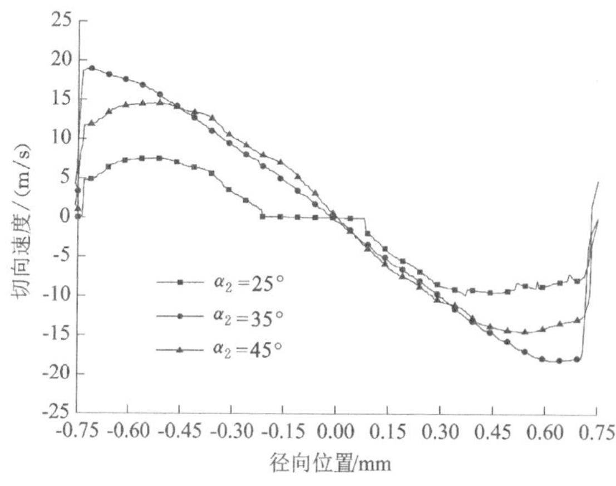


图 3.29　不同旋芯角度喷嘴出口切向速度图

35°的喷嘴。因此，根据降尘需要，旋芯角度的确定要综合考虑出口总速度和旋流速度。

#### 3.3.2.5 旋芯位置($l$)对喷嘴内部流动特性的影响

喷嘴入口直通段的长度为 15 mm，旋芯长度为 5 mm，定义 $l$ 为旋芯距离喷嘴入口的距离，$l$ 取不同值，代表旋芯在直通段的位置不同，这里取 $l$ 为 0 mm、5 mm 和 10 mm，分别代表旋芯在直通段顶端(即喷嘴入口处)、直通段中部以及直通段底部三个位置，如图 3.30 所示。喷嘴内部射流特性的数值模拟结果如图 3.31～图 3.34 所示。

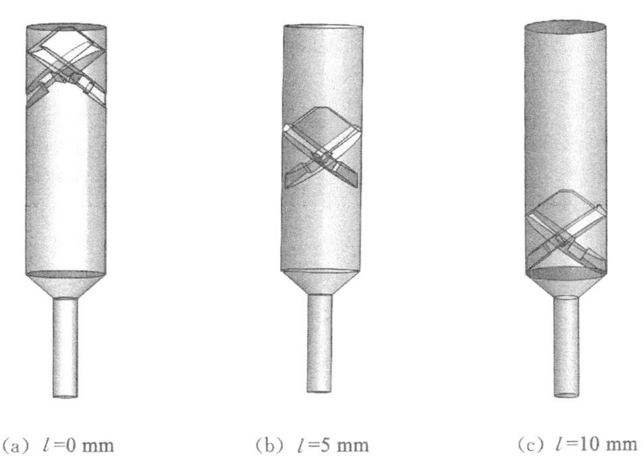


图 3.30 不同旋芯位置喷嘴的物理模型

图 3.33 和图 3.34 是不同旋芯位置喷嘴出口处的射流轴向速度和切向速度分布图。由这两个图可以看出，将旋芯置于靠近收缩角的喷嘴底部可明显提高出口速度。具体来看，如图 3.33 所示，将旋芯置于距离喷嘴进水口 0 mm 和 5 mm 的轴向速度相差不大，但明显低于旋芯距离喷嘴进水口 10 mm 时的轴向速度。从图 3.34 同样发现，旋芯距离喷嘴进水口 10 mm 的切向速度要明显大于距离喷嘴进水口 0 mm 和 5 mm 时的切向速度。尽管旋芯距离喷嘴进水口 10 mm 时的速度大，但随着径向距离增加，轴向速度稳定性差，衰减很快，靠近管壁时轴向速度比其他两种情况下的速度要小。图 3.31 的喷嘴内部射流速度流线图和图 3.32 的出口速度矢量图也反映出旋芯距离出水口越近，其旋流效果越好。因此，从降尘的角度来看，应该将旋芯置于喷嘴的底部，以获得较好的旋流速度，但如何提高速度的稳定性，需进一步探讨。

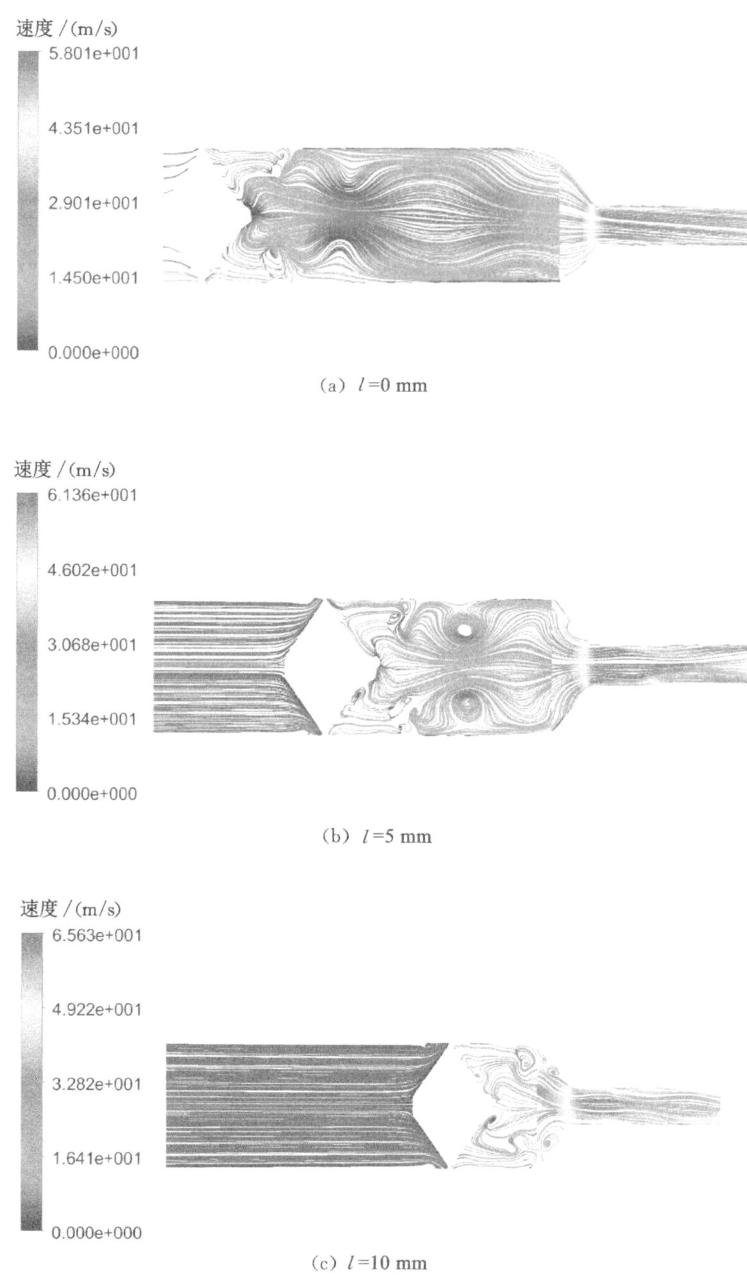


(a) $l$=0 mm



(b) $l$=5 mm



(c) $l$=10 mm

图 3.31　不同旋芯位置喷嘴内部速度流线图

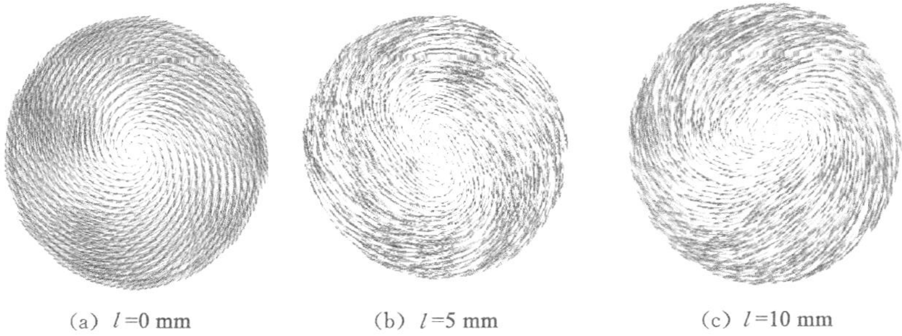


图 3.32　不同旋芯位置喷嘴出口截面速度矢量图

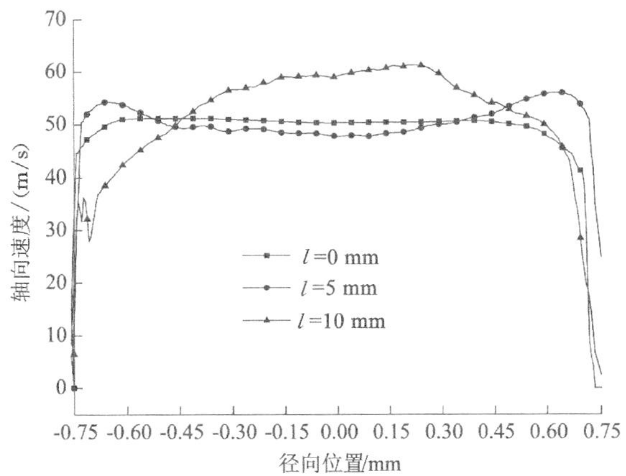


图 3.33　不同旋芯位置喷嘴出口轴向速度图

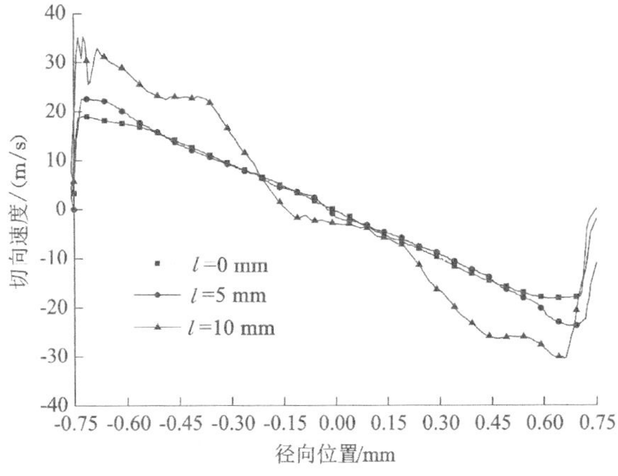


图 3.34　不同旋芯位置喷嘴出口切向速度图

3.3.2.6　旋芯过水面积(A)对喷嘴内部流动特性的影响

为了获取不同旋芯过水面积下喷嘴内部及出口的射流特性，对过水面积 A 为 0.25 $mm^2$、1 $mm^2$ 和 2.25 $mm^2$ 时的喷嘴射流特性进行数值模拟研究，其物理模型如图 3.35 所示，模拟结果如图 3.36～图 3.39 所示。

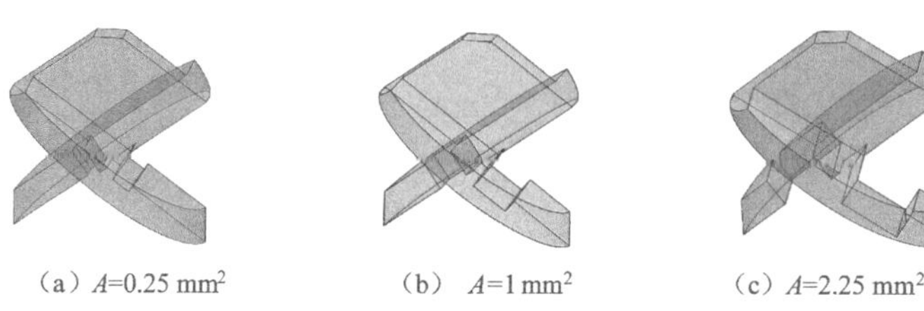

（a）$A$=0.25 $mm^2$　（b）$A$=1 $mm^2$　（c）$A$=2.25 $mm^2$

图 3.35　不同过水面积喷嘴的物理模型

从图 3.36 内部速度流线图和图 3.37 出口速度矢量图可以发现，过水面积大小对出口速度的旋流作用明显，随着过水面积增大，旋流作用明显减弱，A＝2.25 $mm^2$时的喷嘴出口旋转作用最弱。图 3.39 的切向速度分布曲线也验证了上述说法，过水面积与喷嘴出口切向速度呈反相关关系，$A$＝0.25 $mm^2$时，喷嘴的出口截面切向速度最大，$A$＝1 $mm^2$时，出口截面的切向速度次之，$A$＝2.25 $mm^2$时，出口截面的切向速度最小。并且三种情况下切向速度分布曲线不同，表现为当 $A$＝0.25 $mm^2$ 和 $A$＝1 $mm^2$时，射流切向速度从圆心到喷嘴内壁逐步减小，直至为 0，当 $A$＝2.25 $mm^2$时，圆心附近的速度分布相对均匀，从圆心和管壁的中间位置开始，切向速度才大幅下降。而从图 3.38 可以看出，$A$ 减小后，出口轴向速度明显减小，综合来看，减小过水面积可明显增强旋流强度，但同时会造成轴向速度损失。因此，降尘喷嘴的设计需均衡考虑两方面因素。

3.3.2.7　模拟结果验证试验

前面通过 FLUENT 数值模拟研究了旋芯喷嘴各个参数对出口速度及旋流程度的影响，因数值模拟存在弊端，必须通过试验手段验证模拟的准确性。根据式(3.1)可知，由喷嘴出口截面的切向速度与轴向速度，可计算出喷嘴出口的喷雾锥角，而喷嘴的雾化角可通过试验手段获取。因此，本节将雾化角的模拟值与测量值进行比较，来判断模拟结果是否符合实际情况。

出口截面各点的速度值变化使得模拟中 $\theta$ 值在各个界面内都有所不同，为了分析比较方便，通常将喷嘴出口处切向速度最大时对应的最大分散角定义为喷嘴锥角，这种定义方法与出口雾化角的概念类似。按照模拟结果计算喷嘴出口雾化角，计算值与表 2.3 中的测量值进行比较，如表 3.1 所示，其比较情况如图 3.40 所示。

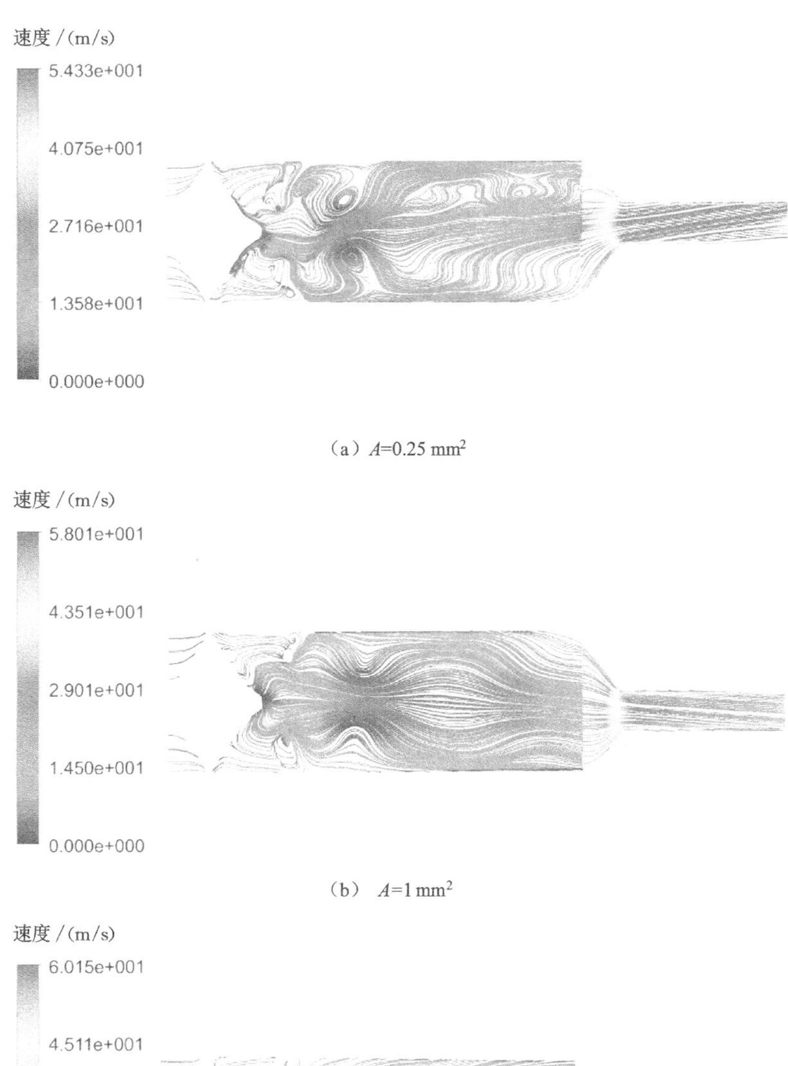


（a）$A$=0.25 mm²



（b）$A$=1 mm²



（c）$A$=2.25 mm²

图 3.36　不同过水面积喷嘴内部速度流线图

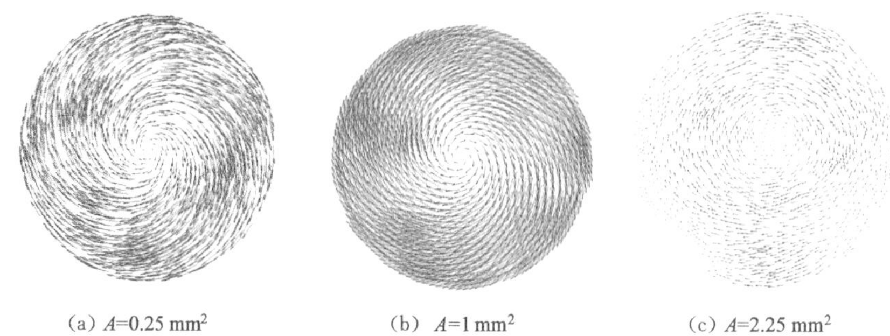


图 3.37　不同过水面积喷嘴出口截面速度矢量图

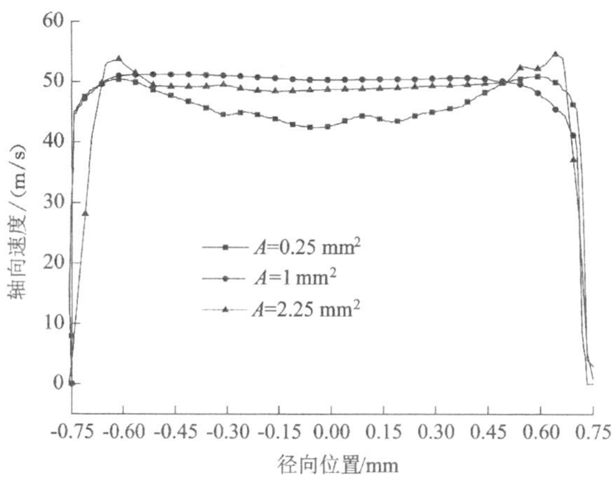


图 3.38　不同过水面积喷嘴出口轴向速度图

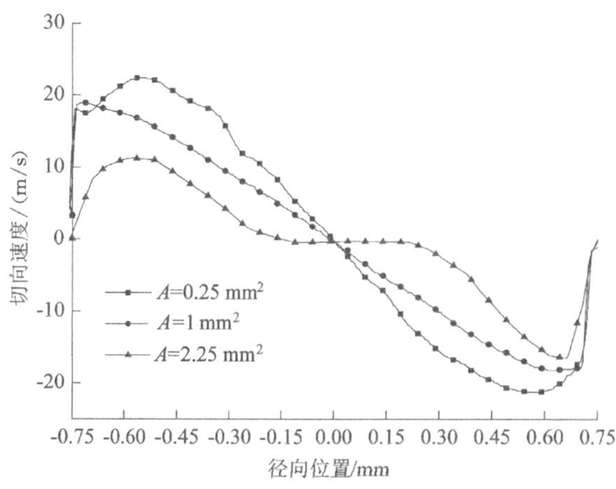


图 3.39　不同过水面积喷嘴出口切向速度图

表 3.1　雾化角的测量值与计算值

| 压力/MPa | 雾化角/(°) | | 误差/% |
|---|---|---|---|
| | 计算值 | 测量值 | |
| 2 | 47.6 | 46.6 | 2.15% |
| 3 | 44.3 | 42.8 | 3.50% |
| 4 | 42.4 | 41.4 | 2.42% |
| 5 | 40.2 | 38.8 | 3.60% |

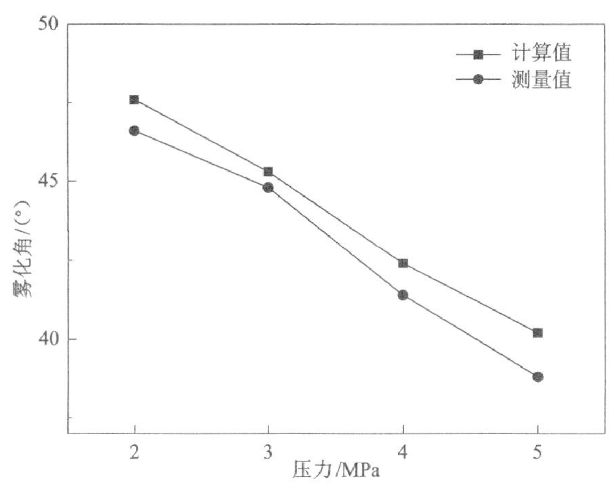


图 3.40　测量值与计算值的比较

从表 3.1 和图 3.40 可以看出，二者随压力的变化规律基本一致，雾化角随着喷雾压力升高而逐渐变小，但模拟得到的计算值明显偏大。误差在 2%～4% 之间。这其中有两方面原因：一是，数值模拟简化了模型，对摩擦等局部阻力损失考虑不充分，造成假设偏差；二是，数值模拟与试验喷雾角计算方法不同，数值模拟结果由出口截面的轴向与径向速度计算得来，试验值从照片中测量得到，二者之间必然存在差异。因此，模拟结果可在一定程度上对喷嘴的喷雾角大小进行定性评价，若想提高模拟值与测量值的吻合程度，则需要不断利用试验数据修正物理模型[125-130]。

### 3.3.3　喷嘴结构对雾化效果的影响分析

加入旋芯后，射流具备旋转作用(离心作用)，雾化效果较普通直射式喷嘴明显改善。根据韦伯提出的破碎机理[62]，切向速度越大，则 *We* 越大，液滴越容易破碎。因此，出口旋流程度可近似代表雾滴的破碎程度。同时，矿用降尘类喷嘴对出口速度(射程)有要求,因此,喷嘴设计时必须考虑出口总速度。上述结构参数与雾化效果的相关关系如表 3.2 所示。

**表 3.2 结构参数变化对雾化指标影响**

| 雾化指标 | $\alpha_1$ 增大 | $D_2$ 增大 | $L_2$ 增大 | $\alpha_2$ 增大 | $l$ 增大 | $A$ 增大 |
|---|---|---|---|---|---|---|
| 雾滴粒径 | 减小 * | 增加 *** | 增大 * | 减小 *** | 减小 **** | 增大 *** |
| 雾滴速度 | 增大 ** | 减小 **** | 减小 * | 减小 *** | 增大 *** | 增大 *** |

注:****:非常明显;***:明显;**:一般明显;*:忽略不计。

通过表 3.2 可知,$D_2$、$\alpha_2$、$l$ 和 $A$ 这 4 个参数都是非常明显(明显)影响雾滴粒径和速度的。因此,优化改进喷嘴结构也是以均衡考虑这 4 个参数为主。其中,$l$ 对雾滴粒径的影响最大,$D_2$ 对雾滴速度的影响最大。相比之下,$\alpha_1$ 对雾滴速度有一定影响而对雾滴粒径的影响基本可忽略,$L_2$ 对二者的影响都可以忽略,该模拟结果可用于指导该类型喷嘴的结构优化。

## 3.4 喷嘴结构参数与雾化角相关性研究

通过 3.3 节的分析可知,改变喷嘴的结构参数确实对喷嘴出口速度存在影响,进而会影响出口雾化角,但究竟哪一个或者哪几个结构参量对雾化角的影响最大,仍需进一步探讨。3.3 节中采用单一因素法分别对 6 个结构参数进行了分析,其结果可为定性分析提供参考。为了使模拟结果更加准确,本节在上一节研究基础上增加 2 组模拟模型,用于分析参数与雾化角的定量关系。根据模拟结果计算得到出口截面的雾化角,如表 3.3～表 3.8 所示。综合分析表 3.3～表 3.8 中的数据可得出,过水面积、旋芯角度和出口直径对出口雾化角的影响最大,在其他条件相同的情况下,改变这 3 个参数时,出口雾化角变化最明显。

**表 3.3 不同收缩角的喷嘴出口截面雾化角**

| 编号 | $\alpha_1$/(°) | 雾化角/(°) | 变化率/% |
|---|---|---|---|
| 1 | 30 | 48.4 | |
| 2 | 60 | 50.9 | 5.16 |
| 3 | 100 | 52.6 | 3.34 |
| 4 | 120 | 53.4 | 1.52 |
| 5 | 150 | 54.3 | 1.68 |

**表 3.4 不同出口圆柱段长度的喷嘴出口截面雾化角**

| 编号 | $L_2$/mm | 雾化角/(°) | 变化率/% |
|---|---|---|---|
| 1 | 2 | 52.8 | |
| 2 | 4 | 53.1 | 0.57 |
| 3 | 6 | 52.6 | −0.94 |
| 4 | 8 | 51.8 | −1.52 |
| 5 | 10 | 51.4 | −0.77 |

**表 3.5 不同出口直径的喷嘴出口截面雾化角**

| 编号 | $D_2$/mm | 雾化角/(°) | 变化率/% |
|---|---|---|---|
| 1 | 1 | 41.5 | |
| 2 | 1.2 | 48.2 | 16.14 |
| 3 | 1.5 | 52.6 | 9.13 |
| 4 | 1.8 | 56.4 | 7.22 |
| 5 | 2 | 59.6 | 5.67 |

**表 3.6 不同旋芯角度的喷嘴出口截面雾化角**

| 编号 | $\alpha_2$/(°) | 雾化角/(°) | 变化率/% |
|---|---|---|---|
| 1 | 25 | 46.7 | |
| 2 | 30 | 50.7 | 8.56 |
| 3 | 35 | 52.6 | 3.75 |
| 4 | 40 | 48.1 | −8.56 |
| 5 | 45 | 43.9 | −8.73 |

**表 3.7 不同旋芯位置的喷嘴出口截面雾化角**

| 编号 | $l$/mm | 雾化角/(°) | 变化率/% |
|---|---|---|---|
| 1 | 0 | 52.6 | |
| 2 | 2 | 53.1 | 0.95 |
| 3 | 5 | 54.3 | 2.26 |
| 4 | 7 | 56.0 | 3.13 |
| 5 | 10 | 56.6 | 1.07 |

**表 3.8 不同过水面积的喷嘴出口截面雾化角**

| 编号 | $A/\mathrm{mm}^2$ | 雾化角/(°) | 变化率/% |
|---|---|---|---|
| 1 | 0.25 | 52.6 | |
| 2 | 0.64 | 61.5 | 16.92 |
| 3 | 1 | 54.2 | −11.87 |
| 4 | 1.44 | 44.2 | −18.45 |
| 5 | 2.25 | 38.8 | −12.22 |

由表 3.3～表 3.8 的结果可知，过水面积变化，雾化角大小的变化率为 12%～19%，旋芯角度变化，雾化角大小的平均变化率为 8%，出口直径变化，雾化角大小的变化率波动比较大，在 5%～17%之间。而其他结构参数变化时，雾化角大小的变化率都比较小，其中，改变出口圆柱段长度对雾化角的影响最小，其变化率都在 1%左右，改变旋芯位置对雾化角大小的影响比改变出口圆柱段长度大，其变化率在 1%～4%。收缩角变化，雾化角大小的变化率也大致在此范围。为了更清晰地展现各个参数变化对雾化角的影响趋势，利用上述表中数据作图，如图 3.41 所示。

根据图 3.41，做具体分析如下：

(1) 收缩角($\alpha_1$)对雾化角的影响

图 3.41(a)给出了不同收缩角对旋芯喷嘴雾化角的影响。由图可见，在其他参数相同的情况下，收缩角越小，雾化角越小，呈线性变化趋势。这是因为：收缩角越小，喷嘴长度越长，在喷嘴轴向长度增加的情况下，射流的湍流耗散及摩擦损失都会增大，射流速度必然下降，并且切向速度损失大于轴向速度损失，因此雾化角减小。从图中还发现，$\alpha_1$ 为 100°、120°和 150°时，其雾化角差别不是很大，而当 $\alpha_1$ 由 60°变成 30°时，雾化角的变化幅度最大，由 50.9°变成 48.4°，由此可见，收缩角小到一定程度，会对喷嘴的雾化角有较大影响。

(2) 出口圆柱段长度($L_2$)对雾化角的影响

图 3.41(b)所示为其他参数相同，只有出口圆柱段长度不同的 5 个旋芯喷嘴对应的雾化角的对比。可以看出，随着喷嘴出口圆柱段的增加，相同条件下的雾化角的大小变化不大，总体略有下降，呈抛物线式变化。这是因为：增加出口圆柱段长度将增加喷嘴出口段的阻力，出口处的切向速度和轴向速度都减小，但二者的比值基本不变，因此雾化角的大小也几乎相同。

(3) 出口直径($D_2$)对雾化角的影响

图 3.41(c)为其他参数相同，只有出口直径不同的 5 个旋芯喷嘴对应的雾化角的对比。从图中可以看出，$D_2$增大，相同条件下的出口雾化角逐渐变大，且

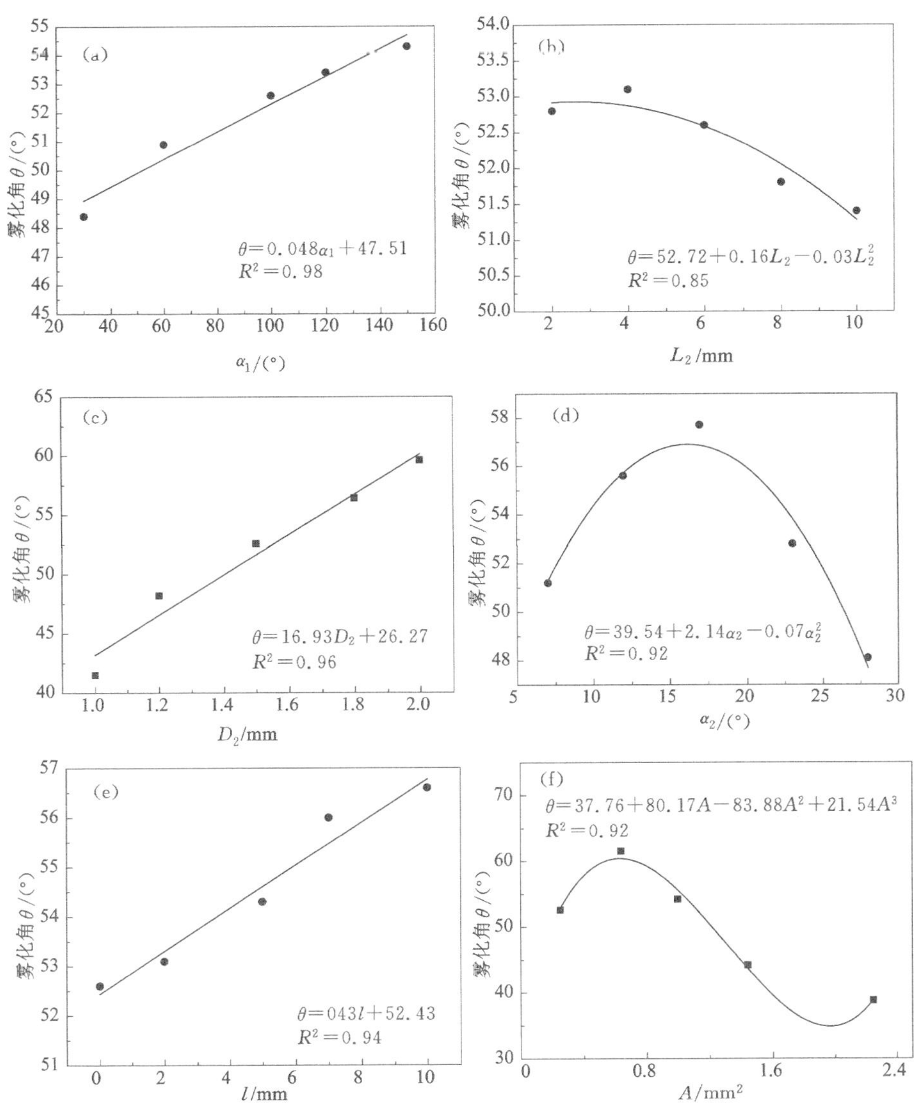


图 3.41　参数变化对雾化角的影响

呈线性变化趋势。这是因为:在同样压力下,$D_2$ 增大后,出口有效截面积变大,则出口轴向速度和切向速度会同时减小,但切向速度减小幅度小于轴向速度,因此雾化角会变大。

(4) 旋芯角度($\alpha_2$)对雾化角的影响

图 3.41(d)比较了旋芯喷嘴的旋芯角度对雾化角的影响,5 种情况下的喷嘴

其他结构尺寸都相同，只是旋芯角度发生变化。可以看出，旋芯角度增加，喷嘴的雾化角出现先增大后减小的趋势，并且一开始雾化角增大的速度很快，而后变得缓慢，呈抛物线式变化。这是因为旋芯角度变大，一方面使射流获得一定的切向速度，有利于增大雾化角，另一方面也会使湍流碰撞和摩擦损失增强，进而使速度减小。因此，理论上应存在一个最佳角度区间，从本次模拟结果来看当旋芯角度为 30°～35°时，其雾化角最大。

(5) 旋芯位置($l$)对雾化角的影响

图 3.41(e)比较了旋芯喷嘴的旋芯位置对雾化角的影响，5 种情况下的喷嘴其他结构尺寸都相同，只是旋芯位置发生变化。可以看出，旋芯位置越靠近出口位置，雾化角就越大，呈线性变化趋势。这是因为：随着旋芯位置向喷嘴出口处靠近，旋转射流受到沿程摩擦阻力会减小，旋芯的初始旋流程度就会增大，将导致切向速度增大，此时轴向速度增加幅度小于切向速度，出口后在空间的张角就变大。但总体而言，改变旋芯位置对雾化角的影响不是特别明显。

(6) 过水面积($A$)对雾化角的影响

图 3.41(f)比较了不同过水面积对旋芯喷嘴雾化角的影响。由图可见，在其他参数相同的情况下，过水面积缩小，雾化角出现增大的趋势。这是因为：过水面积缩小，增加了初始旋流程度，也就是增大了切向速度。但另一方面，过水面积缩小，增加了湍流耗散及摩擦损失，造成速度损失。因此，从理论上分析可知，存在一个过水面积值，使雾化角达到最佳。从本次模拟结果来看，当过水面积为 0.64 $mm^2$时，其雾化角最大，过水面积为 1 $mm^2$时，雾化角次之，二者的雾化角明显大于其他三种情况下的雾化角。

## 3.5 喷嘴内部阻力特性及影响因素分析

射流经过喷嘴不同位置所产生的压力损失不同。将经过旋芯后的截面设为初始截面，中轴线作为横坐标，压力作为纵坐标，探讨射流在喷嘴内部的压力损失。由 3.3 节和 3.4 节可知，过水面积、旋芯角度和出口直径这 3 个因素无论是对出口的旋流程度还是雾化角都有较大的影响，因此，本节将分析 3 个因素对喷嘴内部阻力的影响程度。根据喷嘴尺寸，当轴向位置为 0～10 mm 时，表示经过旋芯后的直通段，当轴向位置为 10～13 mm 时，表示渐缩段，当轴向位置为 13～19 mm 时，表示出口圆柱段。根据上述分析，喷嘴内部阻力变化如图 3.42～图 3.44 所示。

从三个图中可以看出，射流初始压力为 $2\times10^6$ Pa，经过旋芯后，压力降为 $(1.6\sim1.8)\times10^6$ Pa，压降明显。这主要是因为旋芯使得喷嘴的几何形状发生改变，射流也会相应变化，造成压力损失。经过旋芯后，在喷嘴的直通段位置

(0～10 mm),压力几乎不会损失,这主要是因为该圆柱段有足够大的流通面积,且此时射流速度比较小,因此基本不产生压力损失。

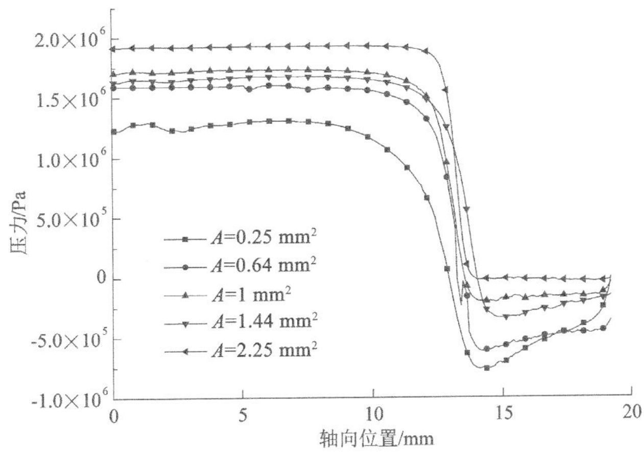


图 3.42　不同过水面积喷嘴中轴线压力变化图

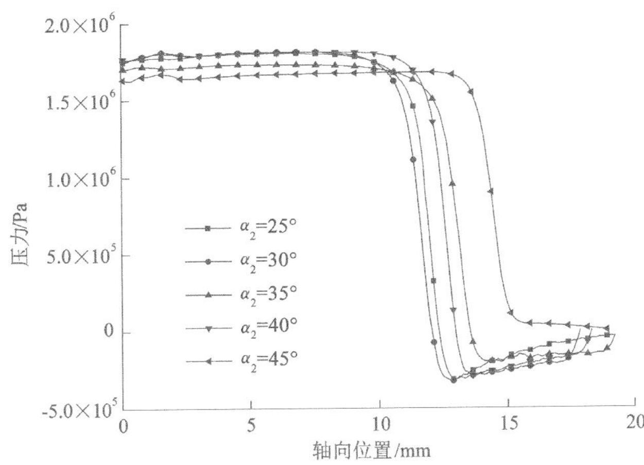


图 3.43　不同旋芯角度喷嘴中轴线压力变化图

喷嘴的压力损失主要来自渐缩段(10～13 mm)且压降较大,经过收缩段后,压力降为(－5～－1)×$10^5$ Pa,这主要是因为在该段射流的压力转化为动能。由于射流高速旋转,与壁面产生的强烈摩擦也会导致射流能量损失。因此,壁面的粗糙度对喷嘴阻力特性有一定影响[131]。由于出口圆柱段的射流速度高,因此形成了一段负压区,这与刘洋[132]的研究结论相同。图 3.42～图 3.44 显示不

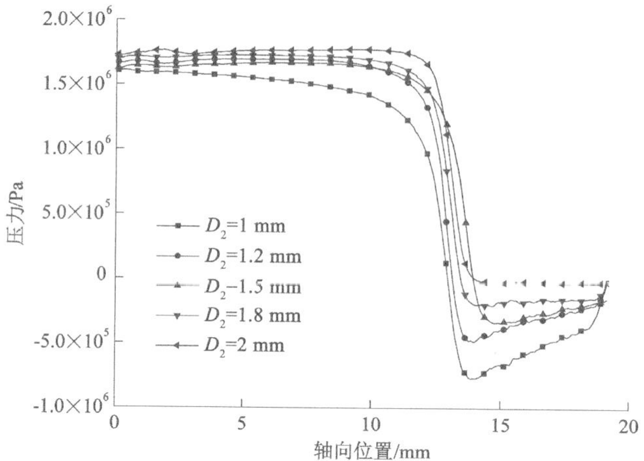


图 3.44　不同出口直径喷嘴中轴线压力变化图

同过水面积、不同旋芯角度及不同出口直径下的旋芯喷嘴有相同的压力损失变化规律，但影响程度不同：出口直径($D_2$)>过水面积($A$)>旋芯角度($\alpha_2$)。

# 4 雾场粒度-速度联合分布特性研究

上一章对喷嘴内流场进行了模拟，分析了喷嘴结构对出口速度及旋流情况的影响，为改善喷嘴雾化性能提供了研究基础。对于以降尘为目的的喷雾场，其雾滴的空间分布特性对降尘效果起着关键作用。而目前，关于降尘喷嘴雾场空间分布特性的诸多研究中，都仅单独分析雾化指标（雾化角、有效射程、雾滴粒度和雾滴速度）的分布特性，或者随压力的变化趋势，缺乏指标间的相互联系，无法反映出微观雾滴在整个雾场中的动态变化过程。本章选用三维 PDPA 喷雾测量系统，测量了粒度与速度的分布特性，着重分析了粒度-速度的联合分布特性，全面了解雾滴随着喷射距离增大的空间运动过程，为喷雾模型提供了丰富的标定数据。

## 4.1 三维 PDPA 雾场测量试验台介绍

### 4.1.1 三维 PDPA 测试系统

#### 4.1.1.1 三维 PDPA 的发展历程

相位多普勒技术[133-138]产生于 1975 年，它泛指利用随流体而运动的粒子同时测量流体速度和粒子粒径的一门技术。相位多普勒粒子分析仪（Phase Doppler Particle Analyzer，PDPA）出现于 20 世纪 80 年代末，是一种两相流测量仪器。在美国，它被习惯地称为 PDPA，而在欧洲，它被习惯地称为 PDA。它是由激光多普勒速度仪（Laser Doppler Velocimetry，LDV）发展而来的，LDV 是利用激光多普勒效应测量物体运动速度和粒度的实时测量仪器，利用信号频率来确定粒子速度，利用信号之间的相位漂移来确定粒子大小。PDPA 对传统的 LDV 进行了改进，使用分离的光学接收器同时测量粒子的尺寸与速度。20 世纪 90 年代以后，随着相位多普勒技术发展，PDPA 的测试性能也逐步完善，主要有以下几个方面：改善粒子尺寸测量范围，目前的测量范围可扩大到亚微米乃至于纳米范围；提供精确的相位直径关系，大大提高了测量精准度；开发了与测试系统配套的数据处理软件。

#### 4.1.1.2 三维 PDPA 的测试原理

PDPA 的基本测试原理是利用光线通过球形透明粒子所产生的光散射信号来测量粒子速度与粒度的，如图 4.1[139] 所示。其信号相位表达式为：

$$\varphi = F(m) d_p \tag{4.1}$$

式中 $\varphi$——相位差；

$F(m)$——转移函数；

$d_p$——粒子直径。

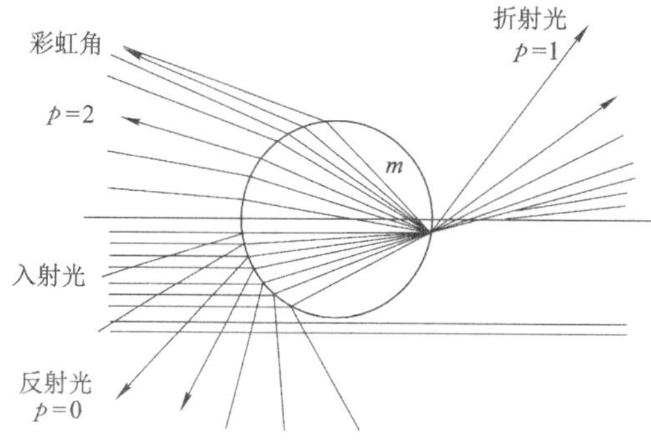


图 4.1 光线遇到球形粒子后的光散射

其光学布置如图 4.2 所示，对于纯折射粒子，其转移函数为：

$$F(m) = \sqrt{1 + m^2 \sqrt{2(1 + \sin\alpha \sin\psi_i \cos\varphi_i)}} - \sqrt{1 + m^2 - m\sqrt{2(1 - \sin\alpha \sin\varphi_i + \cos\alpha \cos\psi_1 \cos\varphi_i)}} \tag{4.2}$$

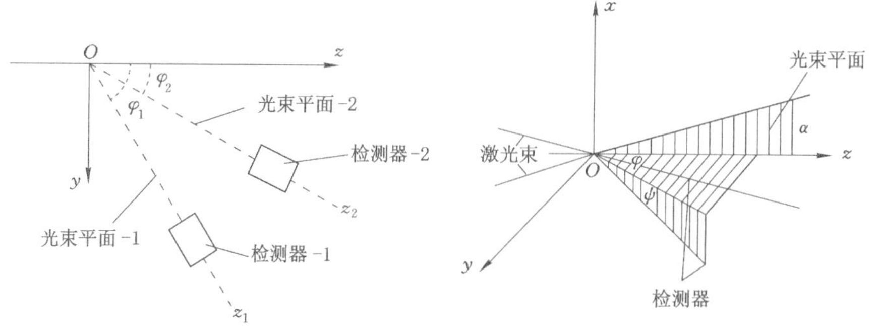


图 4.2 相位多普勒技术的典型光学布置

对于纯反射粒子，其转移函数为：

$$F(m)=\frac{K}{\sqrt{2}}\sqrt{1+\sin\alpha\sin\psi_i+\cos\alpha\cos\psi_i\cos\varphi_i}-\sqrt{1-\sin\alpha\sin\psi_i+\cos\alpha\cos\psi_1\cos\varphi_i} \tag{4.3}$$

#### 4.1.1.3 三维 PDPA 系统组成

三维 PDPA 系统由激光光源、发射探头、接收探头、光束分离器、光电接收器、信号处理器、智能化三维坐标架和处理软件 Flow-Sizer 等组成[140]。由激光光源产生的单色激光经过光束分离器(beam separator)分成绿、蓝、紫三色六束单色光被送入发射探头,绿光上下发射,主要测量具有该方向的速度以及 SMD,与此同时,蓝光水平发射,可测量具有该方向的速度,另一束水平紫光由另外一个发射探头单独发射,可测量与上述平面垂直的速度。光电接收器模块从光纤探头接收上述光信号并将其作为电信号发送到信号处理器。信号处理器接收这些信号,从这些信号中提取诸如频率、相位、突发传输时间和突发到达时间等信息并将其发送到计算机。利用 Flow-Sizer 软件进行速度及粒径的分析,发射探头和接收探头被固定在移动精度为 0.1 mm 的三维坐标架上,可实现信号的快速自动采集。通过控制三维坐标架便可得到全雾场的信息,其典型装置示意图如图 4.3 所示。PDPA 系统由美国 TSI 公司生产,其实物图如图 4.4 所示,表 4.1 为该仪器的参数表。

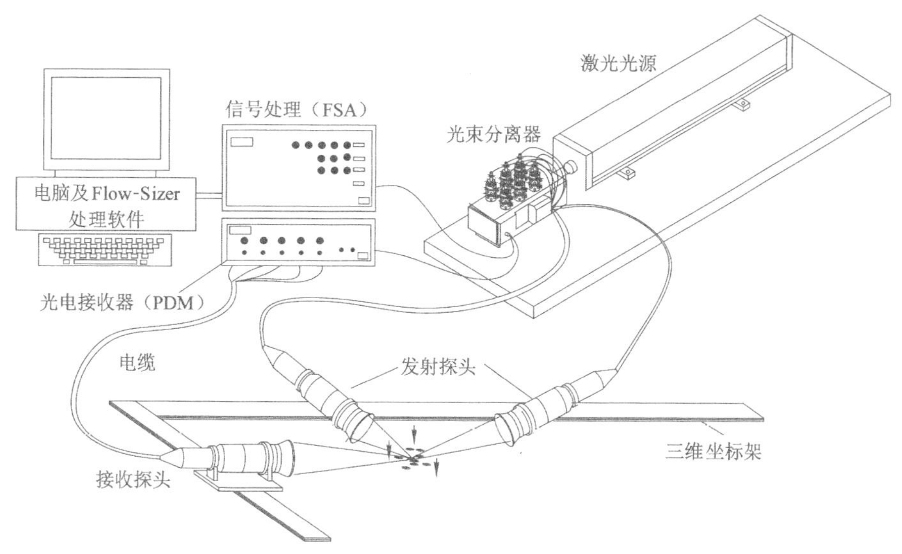


图 4.3 PDPA 装置示意图

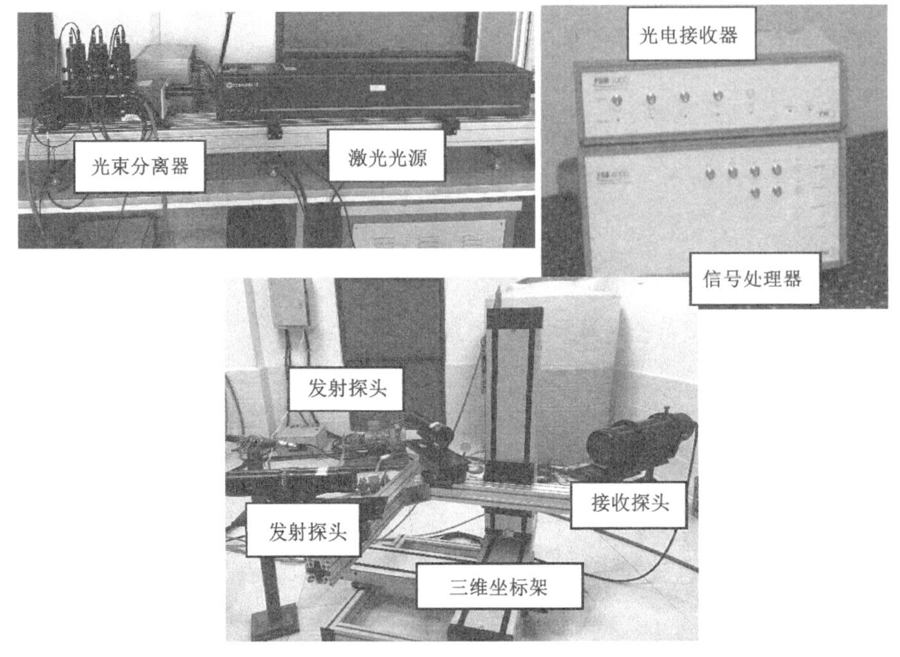


图 4.4　PDPA 系统主要设备实物图

**表 4.1　PDPA 系统主要技术参数表**

| 参　　数 | 性　　能 |
| --- | --- |
| 激光器型号 | Innova70 系列氩离子 |
| 处理器型号 | FSA 4000 |
| 光束接收器型号 | PDM 1000 |
| 激光波长 | 514.5 nm(绿色),488 nm(蓝色)和 476.5 nm(紫色) |
| 镜头焦距 | 250 mm,350 mm,500 mm 和 750 mm 四组 |
| 测量方式 | 非接触式单点测量 |
| 粒径测量范围 | 0.5～5 000 μm |
| 粒径测量精度 | 0.5% |
| 速度测量范围 | －313～1 600 m/s |
| 速度测量精度 | 0.05% |

### 4.1.2 试验装置

喷雾外雾场雾滴的粒度与速度测量系统由喷雾系统和 PDPA 测量系统两部分组成,喷雾系统由水箱、高压泵、压力表、进出水管路及喷嘴等组成。PDPA 测量系统的组成在上一节中已经详细介绍过。实际测量过程的系统布置如图 4.5 所示。喷枪被横向固定,PDPA 的发射探头发射六束激光聚焦于喷雾场的某一点后,由接收探头收集所需的信号,同时通过图 4.6 的坐标架管理器,手动设置坐标架的三维坐标及位移值,坐标架可根据计算机指令自行移动,从而获得外雾场的信息。

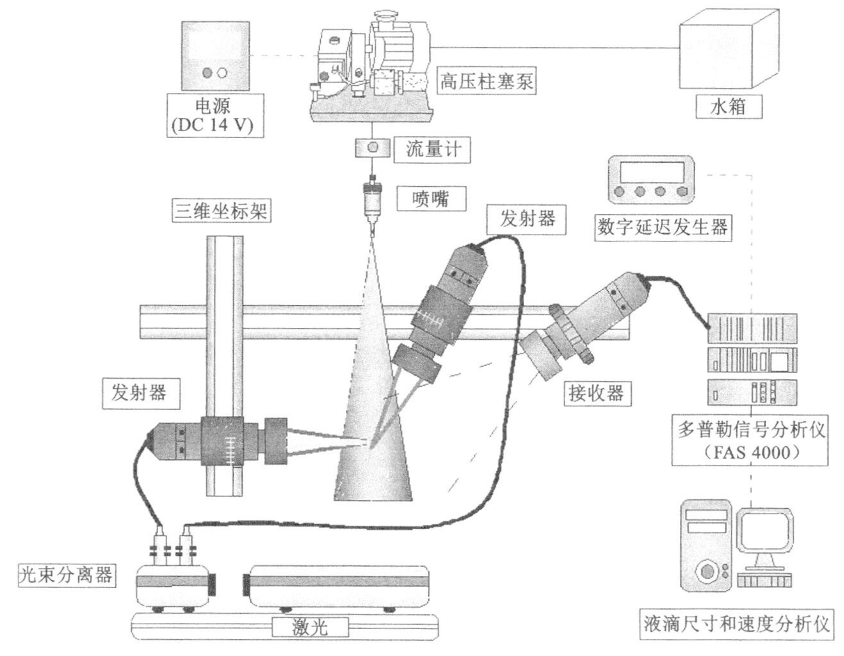


图 4.5　试验过程示意图

### 4.1.3 坐标系定义及测量点布置

PDPA 测量喷雾时,喷嘴被固定在喷雾架上横向喷雾,喷雾方向与坐标架的 $X$ 轴平行,因此,$X$ 方向即为喷雾轴线方向。需要说明的是,在以下的试验分析中,轴向分布特性是对其距离喷嘴为 $X$ 的截面中心点处求得的,其径向分布特性是在选定的轴截面上,距离喷嘴中心点为 $Y$ 的扩散点处求得的,其切向分布特性是在选定的轴截面上,距离喷嘴中心点为 $Z$ 的扩散点处求得的。

图 4.6　坐标架管理器

三束激光受喷嘴遮挡的影响无法在喷嘴出口处交汇，因此出口处无法获得有效的测量数据，于是设置第一个测点距离喷嘴口 50 mm，参考朱良[141]喷雾测试方法，选定步长 50 mm，径向 $Y$ 方向的测点间距同样为 50 mm。测量时喷雾横向喷出，随着测量距离增大，其雾场边缘的雾滴会大量散溅到 PDPA 设备的发射和接收镜头上而导致测量不能进行，故本次测量轴向方向只取到 $X$=1 000 mm，此阶段内的喷雾状况良好，且边缘雾滴不会溅到镜头上，测量能够很好地进行。从定性分析来看，对试验结果并无多大影响。具体测量点的布置图如图 4.7 所示。由于喷雾为轴对称模式，为节约时间，本次试验只测量一侧喷雾。

### 4.1.4　试验过程

本次试验被测量喷嘴的参数如 2.4 节所述，选用的喷雾压力为 2 MPa，根据生产厂家的资料，该数值下的喷雾已经达到较好的雾化效果，利于试验采集数据，测量轴线上及各个截面径向上雾滴粒度及三维速度，对喷雾的发展规律进行研究。测试之前首先利用高速摄像机拍摄喷雾图像，并根据拍摄到的雾化角设置具体数目的测量点(图 4.7)。对每一个测点而言，满足以下条件之一，采样过程便可停止：① 有效采样数为 2 000；② 测点时间为 15 s。试验过程中，通过 Flow-Sizer 软件能够实时显示试验统计结果，如图 4.8 所示。

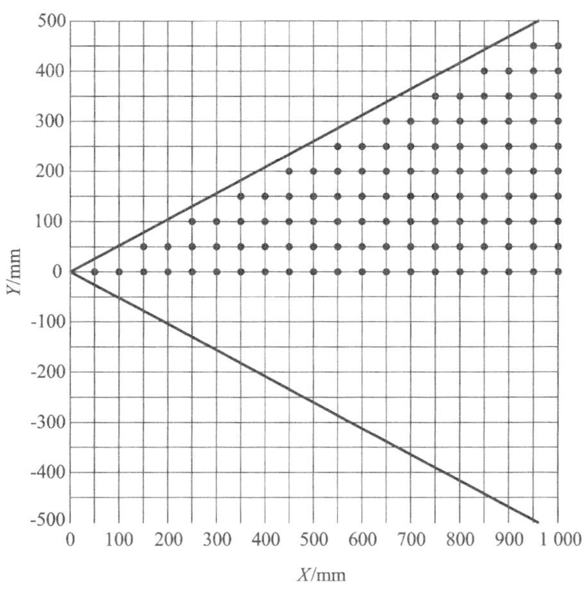


图 4.7　测点布置示意图

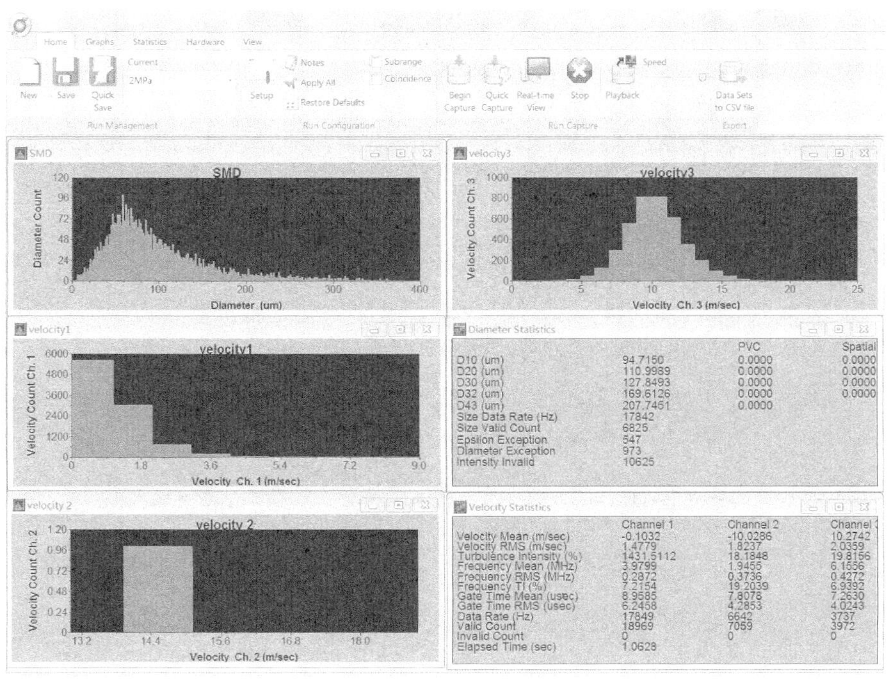


图 4.8　Flow-Sizer 软件测量显示界面

图 4.8 的统计结果包括采样时间内的速度和粒度直方图和数据。第一个图显示的是测量点雾滴的 SMD，在粒径数据中显示了 D10、D20、D30、D32 和 D43 的信息，可以看出，本次测量中 D32 为 169.612 6 μm。这里需要说明，PDPA 只能精确测量球形颗粒的大小，因此只能粗略估计近雾场的雾滴和远雾场小粒径聚合的大雾滴尺寸。剩下的图表则分别表示测点雾滴的平均三维速度分布特征，绿光(Ch. 1)代表切向速度($z$ 轴的速度 $v_z$)，蓝光(Ch. 2)代表径向速度($y$ 轴的速度 $v_y$)，紫色(Ch. 3)代表轴向速度($x$ 轴的速度 $v_x$)，从数据统计结果来看，本次测量中，切向速度 $v_z$ 为－0.103 2 m/s，径向速度 $v_y$ 为－10.028 6 m/s，轴向速度 $v_z$ 为 10.274 2 m/s。

## 4.2 稳态喷雾粒度场的 PDPA 测试结果分析

雾滴从喷嘴喷出后，在一系列内外力的共同作用下，产生着复杂的前进、破碎、碰撞、聚合、自转等行为。外力包括水压产生的气动力、周围空气的阻力以及雾滴自身的重力，由于雾滴质量较小，研究过程中往往会忽略重力作用。内力主要包括水自身的黏滞力和表面张力。目前，对单个液滴分裂和破碎的动力学解释为[142-145]：当水流离开喷嘴后获得一定动能，外力大于内力，液滴发生变形，然后分裂破碎成小液滴，若此时小液滴所受外力仍然大于内力，则会继续分裂破碎，在该过程中液滴的直径会逐渐减小，表面积增大，表面张力不断增大，说明液滴的内力不断增加，外力逐渐减小，随着破碎过程的发展，小液滴的内外力会逐渐达到平衡状态，此后液滴不会继续分裂。也就是说，雾滴 SMD 的变化与其受力情况息息相关。

### 4.2.1 雾场轴向方向粒度分布特性

根据 2.2.3 节的分析可知，实际喷雾的雾化角会小于理论值，因此喷雾边缘会有一部分测点采集的数据极少甚至采集不到数据，考虑到试验精度的问题，这部分测点将会被舍弃掉。因此，$Y$ 取到 200 mm，以保证有足够数量的测点用于结果分析。图 4.9 给出了轴向方向($X$ 方向)SMD 分布的比较曲线。

随着轴向距离增加，其 SMD 都呈阶段性规律变化。图 4.9(a)为 $Y$＝0 mm 时 SMD 变化曲线，其变化过程大致可分为 4 个阶段：① 当 $X$＝50～150 mm 时，SMD 增大，这可能是因为离开喷嘴后，雾滴较为密集，采样过程中，由于未完全雾化而造成的雾滴聚合程度较高；② 当 $X$＝150～450 mm 时，SMD 迅速减小，减小幅度达到 48.4%，这说明此阶段单个雾滴的分裂占主导作用；③ 当 $X$＝450～800 mm 时，SMD 在 90～110 μm 之间波动，这说明此时雾滴在内外力作

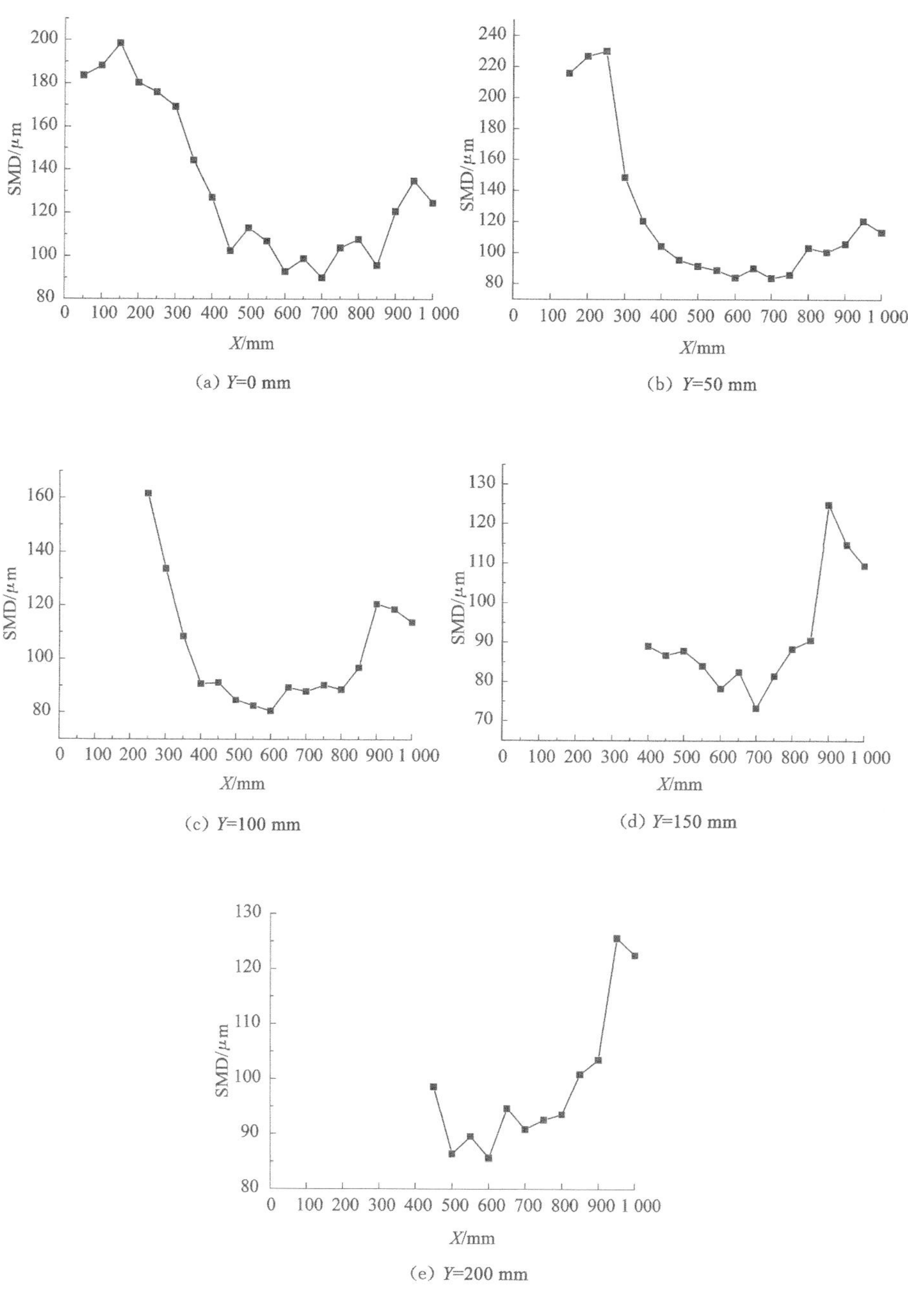


图 4.9 轴向 SMD 分布的比较曲线

用下达到相对稳定状态,SMD 分布均匀;④ $X$=800～1 000 mm 时,SMD 数值波动性增加,增幅达到 16%,这说明此后雾滴间的相互碰撞聚合作用慢慢占据主导。图 4.9(b)显示,当 $Y$=50 mm 时,SMD 变化与 $Y$=0 mm 时具有相似性,随着距离增大,SMD 有一个增大的过程,这表明雾滴密集区范围扩大。当 $X$=300 mm 时,SMD 才开始大幅度减小,$X$=450～850 mm 时,SMD 在 80～95 μm 之间波动,直到 $X$=850 mm 以后,SMD 逐渐增加,其雾滴的碰撞聚合概率才开始增大。图 4.9(c)与前两个曲线不同的是,一开始 SMD 没有随 $X$ 增大而增大,说明 $Y$=100 mm 时,雾滴直接进入快速破碎阶段。图 4.9(d)的曲线表明,SMD 经历了先小幅波动后逐步增大的过程,$X$=700 mm 时的 SMD 为最小值,为 73.25 μm,至 $X$=1 000 mm 时,增幅达到 49.4%。$Y$=200 mm 时已经接近雾场的边缘,如图 4.9(e)所示,SMD 的波动性较大,总体而言,与 $Y$=150 mm 时的变化规律相近。至于图中偶尔出现的波动,这可以认为是测量中受外界微小扰动而影响结果所致,这种影响虽然对局部测量结果造成误差,但对总体的趋势分析结果影响不大。

### 4.2.2 雾场径向方向粒度分布特性

为进一步考察各截面 SMD 的变化情况,选择对径向方向的 SMD 进行测量,根据 4.2.1 节的分析,雾场轴向方向 SMD 呈阶段性变化的特点,因此按照区间特点选取几个典型截面 $X$=100 mm、$X$=200 mm、$X$=450 mm 和 $X$=800 mm。若此时以 50 mm 作为步长,则距离喷嘴较近的截面因半径较小而仅有 1 个测点,因此做径向方向的粒度分析时,步长调整为 20 mm,以保证采集足够数量的测点数据。图 4.10 为选用的 4 个截面径向方向的 SMD 分布情况。

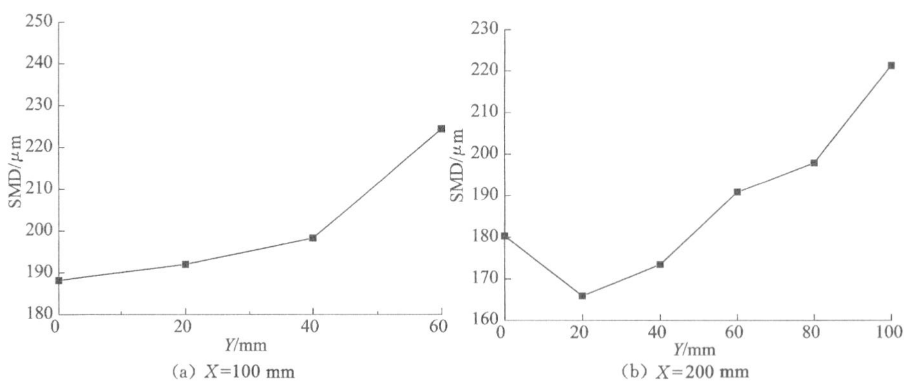


图 4.10 径向 SMD 分布的比较曲线

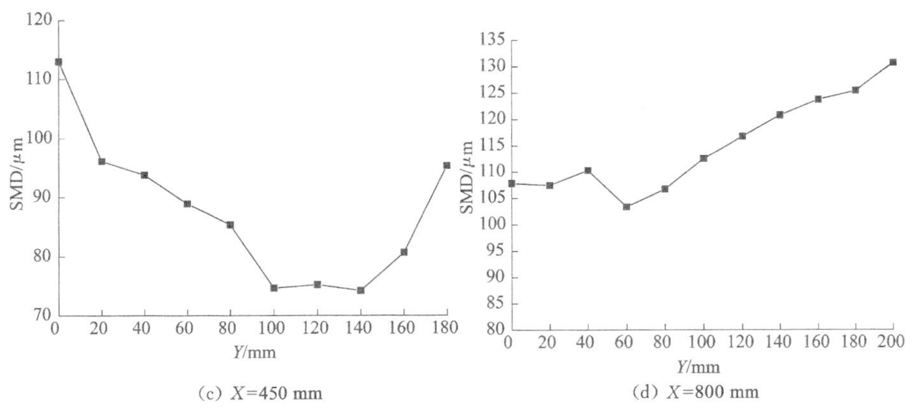

(c) $X$=450 mm
(d) $X$=800 mm

图 4.10 (续)

由图 4.10 可以看出,当 $X$=100 mm,从中心点至雾场边缘,液滴的粒径不断增加,这主要由于此时雾场密度较大,部分雾滴重叠在一起。此后的截面($X$=200 mm、$X$=450 mm、$X$=800 mm)在径向方向大致遵循先变小后变大的规律。可见,雾滴由中心向外扩散的过程中,首先是不断破碎成更小的雾滴,随着 $Y$ 值变大,SMD 会变大的原因有三个方面:一是,雾滴与周围环境进行了广泛的能量交换,随着径向距离增加,其动能耗散增加,在空气作用下发生弹性碰撞使得 SMD 变大。二是,大液滴具有较大的惯性且受到的单位体积阻力较小,能够穿越的距离较远。三是,雾场边缘的小液滴迅速蒸发而导致无法测量。

## 4.3 稳态喷雾三维速度场的 PDPA 测试结果分析

### 4.3.1 轴向方向速度场分布特性

PDPA 采用速度粒度实时同测技术,4.2 节中测量粒度的同时也会测出雾滴速度。图 4.11~图 4.13 给出了 2 MPa 下喷嘴轴线方向上的三维速度分布情况。

(1) 轴向方向轴向速度分布特性

轴向速度是雾滴前进的动能,其值越大,代表雾滴前进的动力越大。由图 4.11 可看出,轴向速度在轴向方向的分布规律性明显。随着喷射距离增加,轴向速度逐渐减小且减小幅度逐渐放缓。这种急速衰减的主要原因是近距离的喷雾需要克服空气剪切阻力而继续前进。在喷雾轴线上($Y$=0 mm),从喷嘴出口附近直到 $X$=500 mm,轴向速度大幅度减小,此阶段雾滴损失的速度达到了 51.3%。在与喷雾轴线平行的 $Y$=50 mm 平行线上,其减小趋势依然很明显,到

$X=500$ mm 时，速度减少了 51.9%。当 $Y=100$ mm 和 $Y=150$ mm 时，随着轴向距离增大，轴向速度减小的趋势放缓。而在与喷雾线平行的 $Y=200$ mm 的平行线上，轴向速度则基本保持不变，维持在 0.5～3 m/s 之间。随着偏离喷雾轴线（$Y=0$ mm）距离的增加，轴向速度越来越小，但速度的稳定性提高。可推测，雾场外围越来越趋于稳定，但保持前进的势头越来越弱。

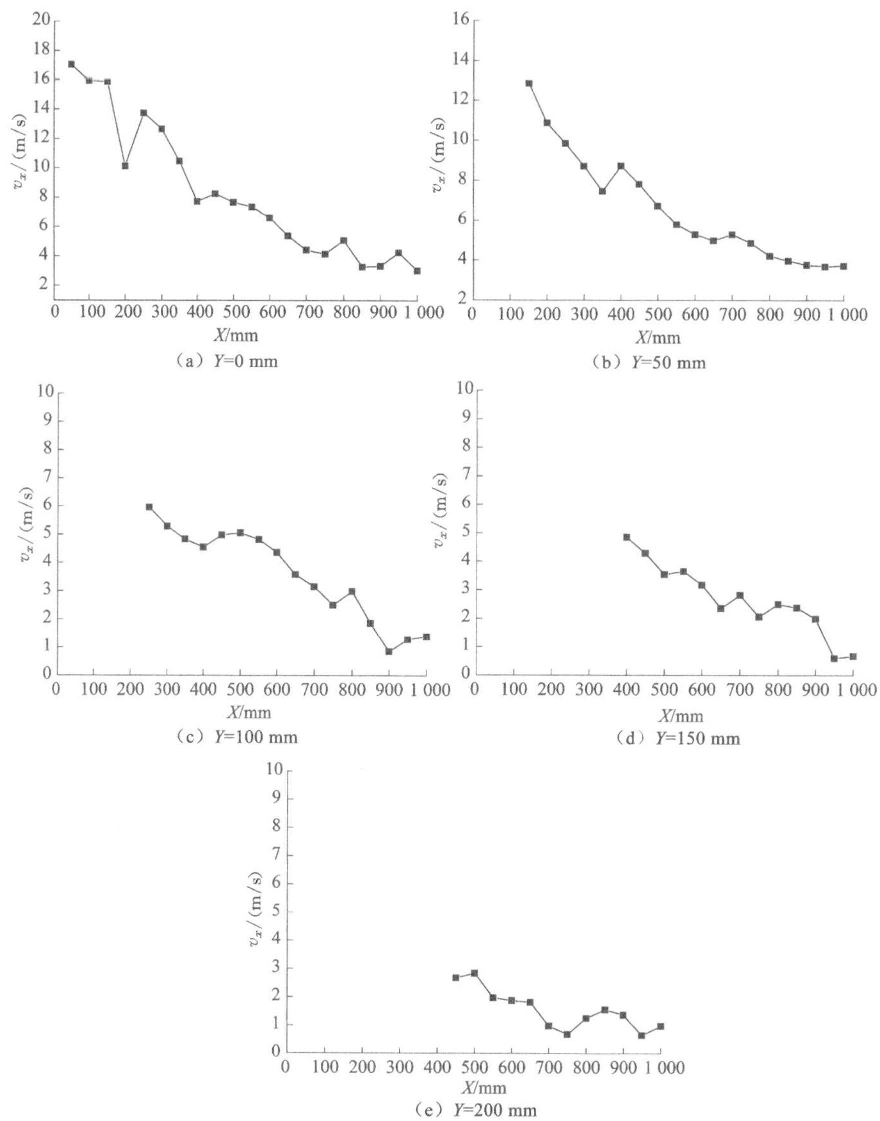


图 4.11　轴向速度轴向比较曲线

(2) 轴向方向径向速度分布特性

径向速度是雾滴向外扩张的动能,其值越大,代表向外扩张的能力越强。由图 4.12 可知,出口后径向速度与轴向速度在同一个数量级上,只是比轴向速度小了 50%～60%,可见旋芯结构大大提高了径向速度。在喷雾轴线上($Y=0$ mm),随着喷射距离增大,径向扩散速度先是缓慢增大,而后逐渐减小。至 $X=150$ mm 时径向速度增加了 41.5%,而后经过了先快速后放缓的减速过程,距离喷嘴 500 mm 时($X=500$ mm),其径向速度已经减小了 58.2%,在此之后的径向速度已经非常小了,在 0～3 m/s 之间。$Y=50$ mm 和 $Y=100$ mm 与上述 $Y=0$ mm 的变化趋势一致,但一开始径向速度的增长趋势逐渐放缓,分别增长了 9.5%和 4.9%。$Y=150$ mm 和 $Y=200$ mm 时,其径向速度不断减小,说明其扩张能力也在不断减弱。

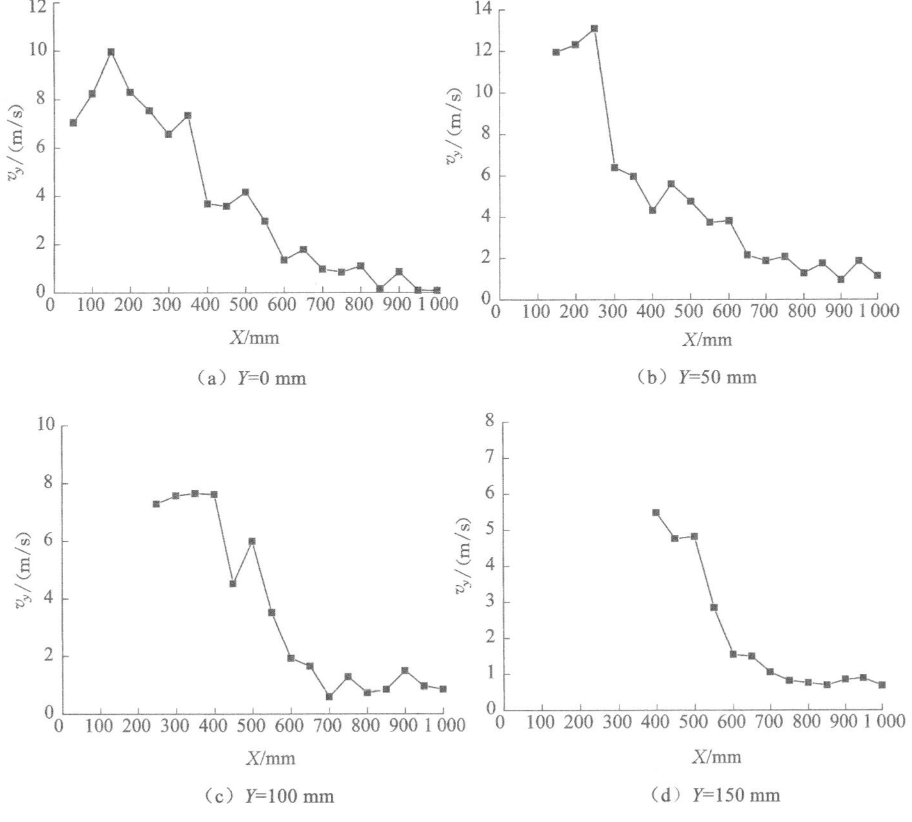


图 4.12 径向速度轴向比较曲线

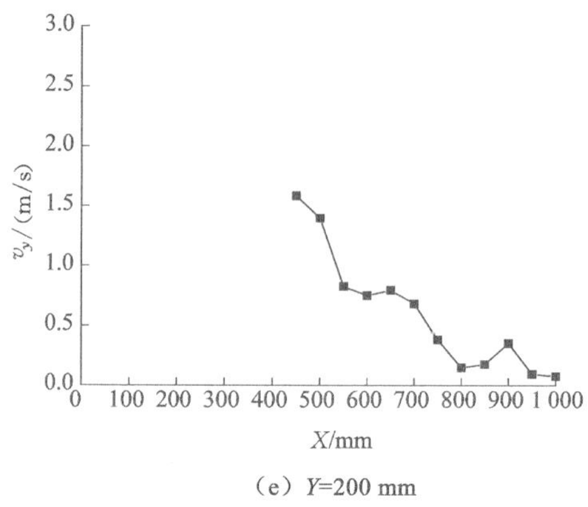

(e) Y=200 mm

图 4.12 (续)

(3) 轴向方向切向速度分布特性

切向速度代表了雾滴旋转的能力,由图 4.13 可看出,切向速度的绝对值不是很大,基本为 0,并且规律性不强。可推测,加入旋芯后使得雾滴高速旋转,切向旋转速度在极短的距离内能够保持,但随着喷射距离增大,这种由水流本身动能引起的旋转会渐渐变小,取而代之的是空气扰动作用下的旋转作用。通过以上分析可知,切向速度与轴向速度和径向速度相差一到两个数量级,且变动范围小,规律性差,因此对于研究雾滴空间分布特性的意义不大。

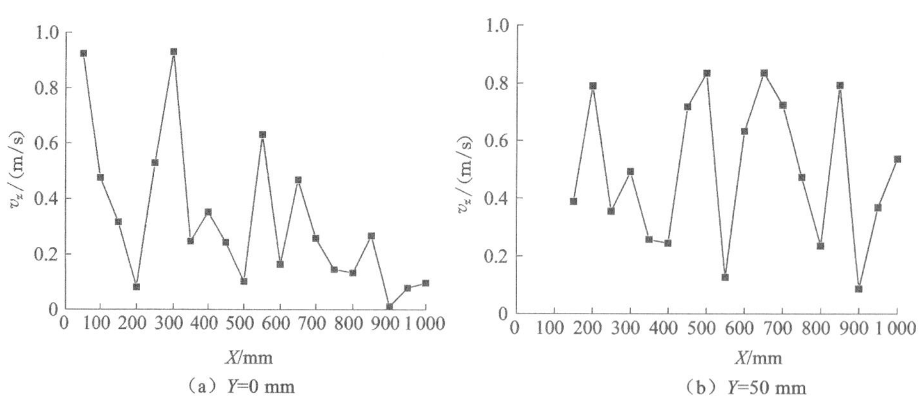


图 4.13 切向速度轴向比较曲线

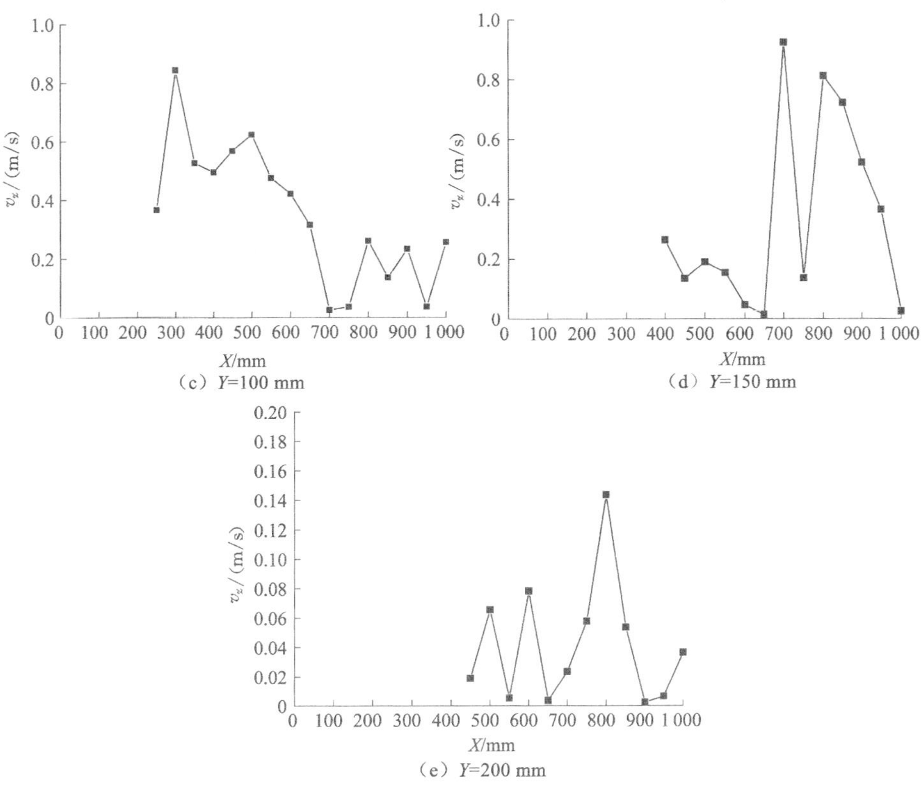


图 4.13 （续）

### 4.3.2 径向方向速度场分布特性

除了关注轴向方向的速度变化，各截面径向方向的速度变化对雾场形成也至关重要，因此有必要分析各截面径向方向的速度变化，这里仅分析其轴向速度及径向速度变化规律。仍以 4.2.2 中截面作为分析目标，具体见图 4.14 和图 4.15。

(1) 径向方向轴向速度分布特性

如图 4.14 所示，轴向速度在径向方向上逐步减小，在雾场边缘平缓接近于 0。由此可看出，越靠近雾场边缘，轴向速度所具有的引射能力不断下降。随着喷射距离增大，各个截面的径向速度衰减程度不同：$X=100$ mm 和 $X=200$ mm 的截面上，轴向速度衰减近似于抛物线，$X=450$ mm 的截面上，其衰减曲线类似于直线，随后 $X=800$ mm 时，较其他截面，其轴向速度波动幅度非常小。通过上述分析可知，随着喷射距离增大，雾滴动量损耗很大，逐步由“内力强转为外力强”。当轴向速度减小到一定程度，雾滴所受内外力达到平衡时，喷雾会有停止前进的趋势。

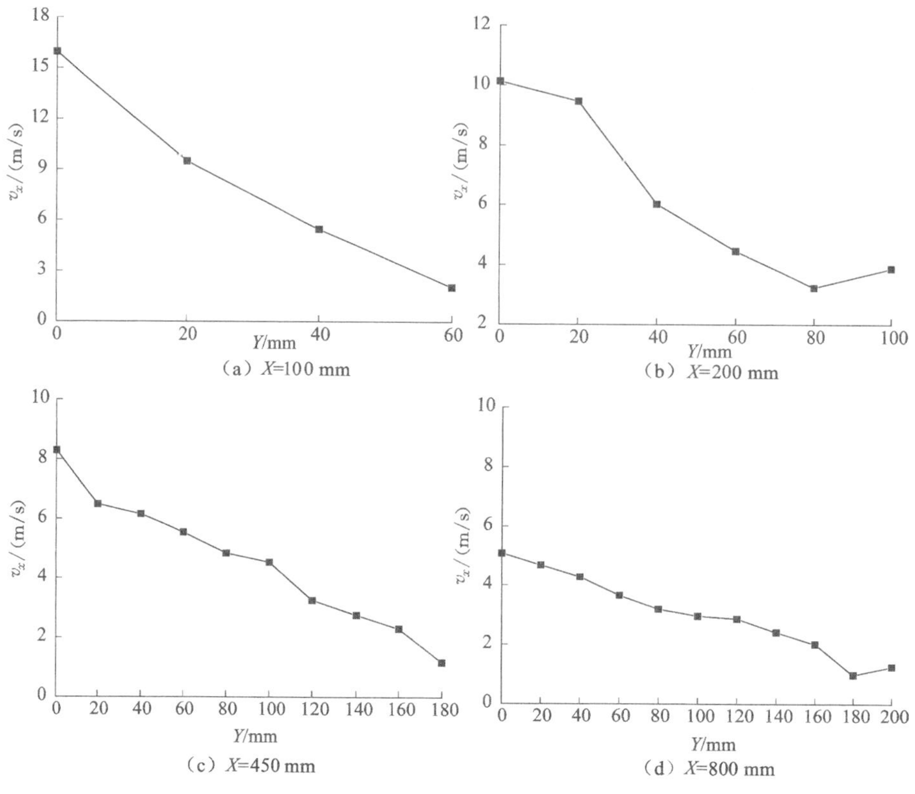


图 4.14　径向方向轴向速度的比较曲线

(2) 径向方向径向速度分布特性

如图 4.15 所示，随着喷射距离增加，各截面的径向速度呈现不同的变化趋势。当 $X=100$ mm 和 $X=200$ mm 时，径向速度保持增长，增长幅度分别为 68.4%和 85.7%，说明喷雾在这段距离内急速向外扩张，直到 $X=450$ mm 时，依然保持着上升的趋势，增幅达到 67.9%。这说明喷雾在该段距离仍然处于扩张阶段，但扩张速度不如之前迅速。$X=800$ mm 时，径向速度维持在 0～1 m/s，此时仅仅依靠雾滴的惯性来进行扩张。虽然外界空气“压缩”雾场，但由于惯性作用其扩散趋势仍然可以保持一段距离，但这时径向扩散速度极小，扩散的空间有限。$X=100$ mm 截面的扩散速度明显高于以后的各截面，测量的最后一个截面的径向扩散速度甚至比 $X=100$ mm 时少了一个数量级。这说明在喷嘴出口近距离内,喷雾密集在小区域内,其扩张能量巨大,而喷射一段距离后,喷雾逐渐稀薄,其扩散不如起始阶段那么有力而明显。

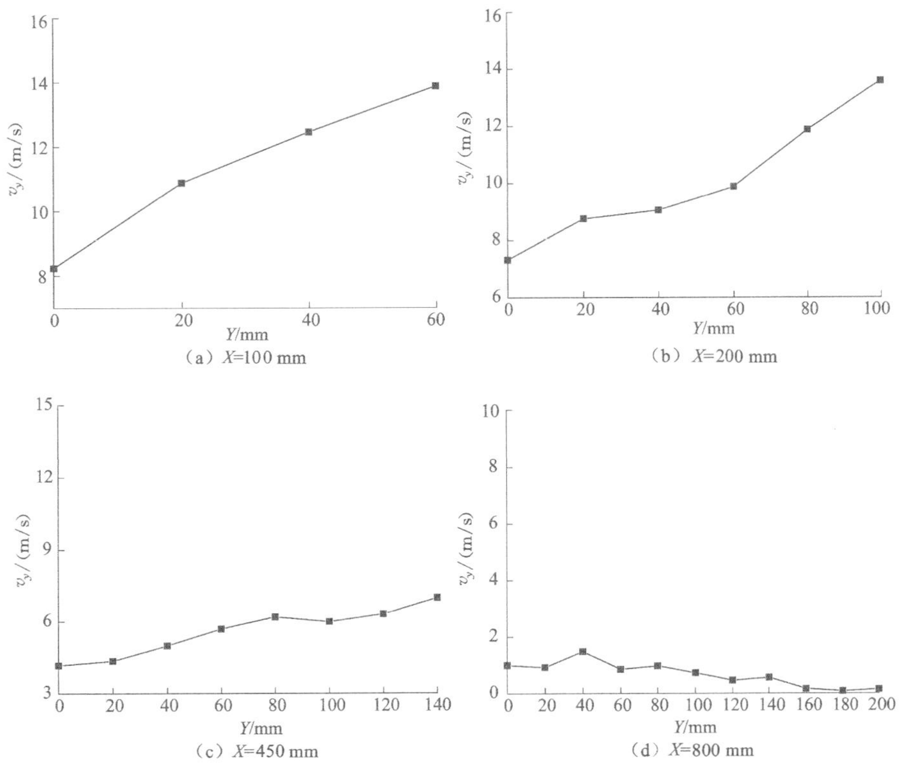


图 4.15 径向方向径向速度的比较曲线

## 4.4 雾滴粒度-速度联合分布特征

### 4.4.1 雾滴尺寸随时间的变化规律

PDPA 在采样的同时,也可以利用 Flow-Sizer 软件对其进行相关参数的分析。图 4.16 所示为 2 MPa 下雾场中心轴向方向($Y=0$ mm)不同测点粒径随时间的变化情况。通过该图可清晰地看出,近雾场的雾滴数量很多,且粒度分布较广,其中大颗粒占有一定比重,随着轴向距离的增加,雾滴粒径分布越来越均匀,200 μm 以上的大颗粒雾滴越来越少。当 $X=100$ mm、$X=200$ mm 和 $X=450$ mm 时,SMD 分布的变化最明显,到 $X=800$ mm 时,雾粒分布开始分散。这与之前 SMD 轴向分布特性的分析结果一致，可见，利用 SMD 表征其雾化质量大致行得通，但仍不能全面反映雾场中雾滴的空间分布特性，若想深入分析雾场粒度特性，则必须联合其尺寸分布特性。

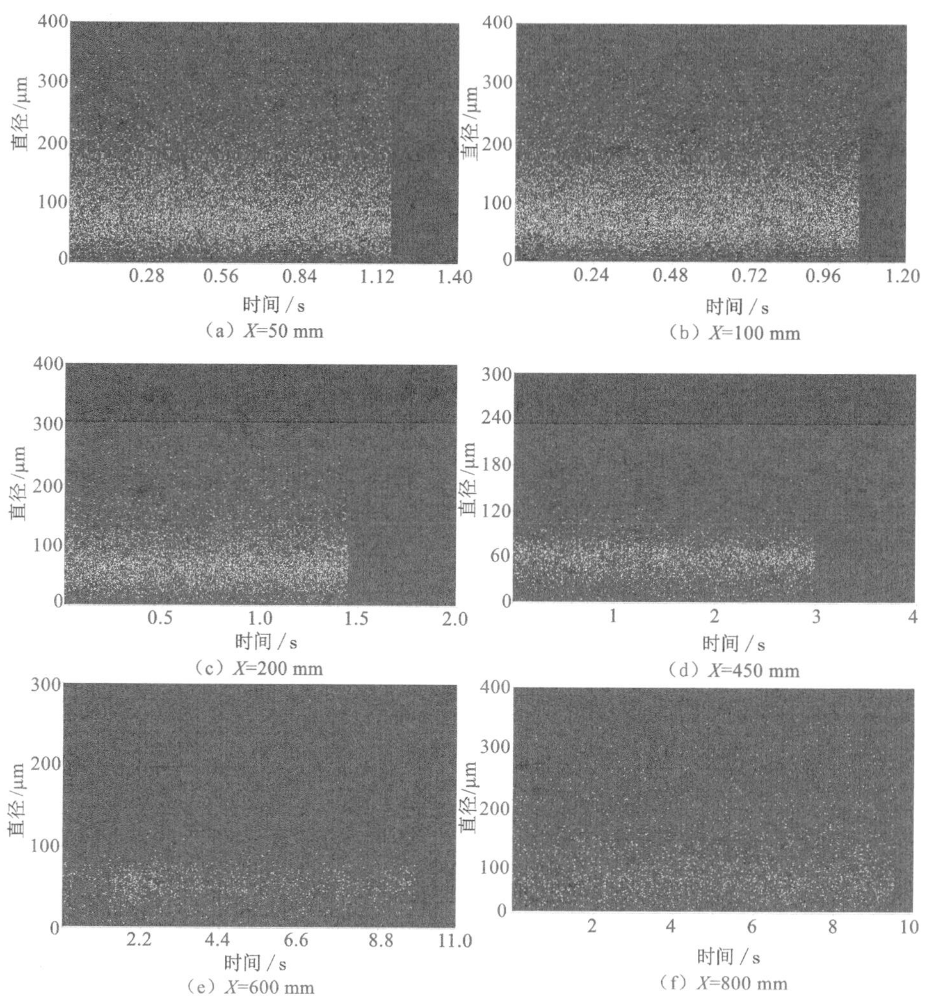


图 4.16　不同轴向位置的粒度分布情况

### 4.4.2　雾滴的粒度-速度联合分布特性研究

从射流雾化理论可知，喷雾过程中雾场的粒度分布与其速度有密不可分的关系，雾滴的速度直接影响其破碎过程，从而影响最终雾化液滴的尺寸形状在喷雾场中的分布[146,147]。因此，本节将雾滴的粒度-速度联合起来进行分析，揭示喷雾发展过程的动力学特征。

图 4.17 为 2 MPa 不同位置的粒度-速度联合分布散点图。近喷嘴区域（$X=50$ mm）的特点是轴向和径向速度分布较广，且小粒径的雾滴更容易获得更大的轴向速度。当 $X=100$ mm 时，雾滴的轴向速度明显下降，径向速度明显

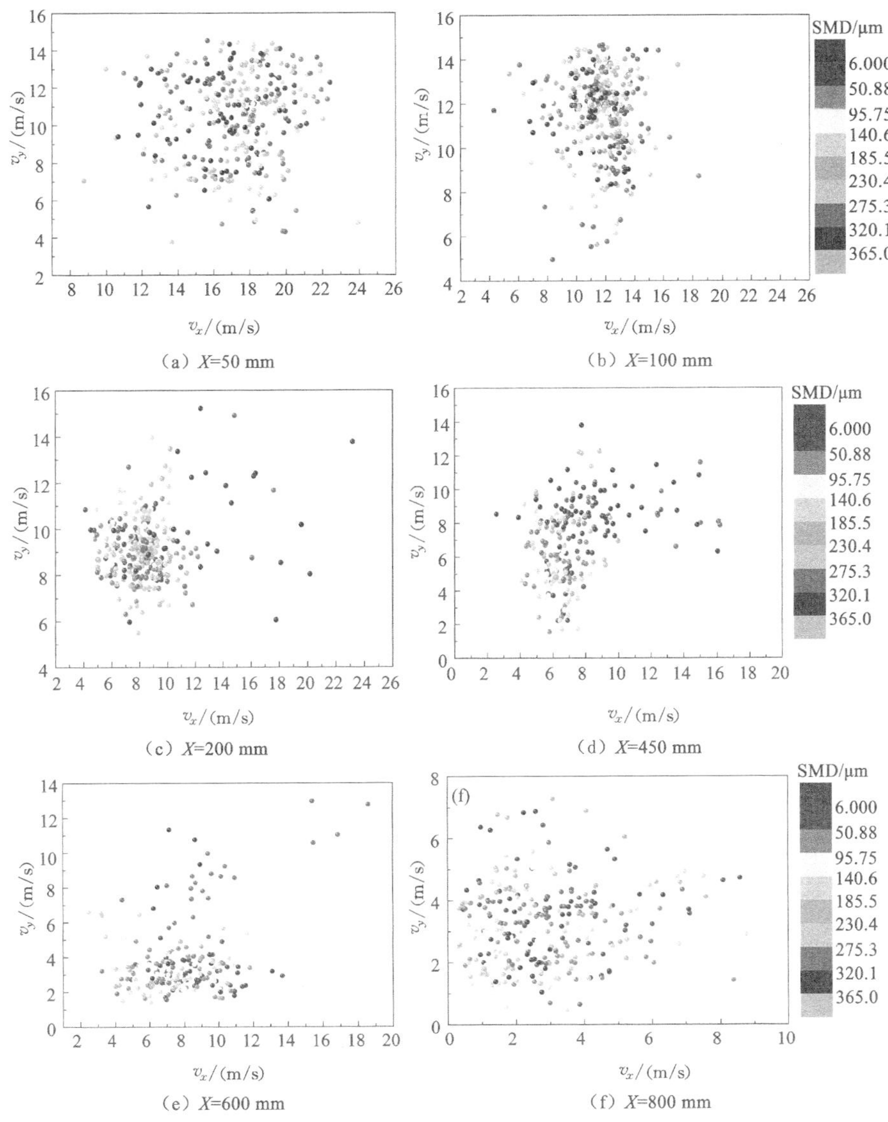

（a）X=50 mm　（b）X=100 mm
（c）X=200 mm　（d）X=450 mm
（e）X=600 mm　（f）X=800 mm

图 4.17　雾场的粒度-速度联合分布散点图

增加，并且雾滴的速度分布较为集中。比较图 4.17(a)和图 4.17(b)可发现，粒径不同的雾滴速度之间的差距越来越小，这说明，随着喷雾发展，小粒径雾滴的速度显著降低，而大粒径雾滴依然可以保持较高的速度。当 $X=200$ mm 时，雾滴的轴向速度依然显著下降，而此时径向速度的变化趋势不明显，当 $X=450$ mm 时，雾滴的轴向速度总体略有下降，反而径向速度明显下降。当 $X=600$ mm 时，雾滴的速度平均已经下降了 70%，比较图 4.17(c)、图 4.17(d)和图 4.17(e)可发现，小粒径雾滴数量增多，大粒径雾滴的数量不断减少，但保持速度的能力相对较强，在雾场中逐渐出现“分类”现象，至 $X=600$ mm 时小粒径雾滴的速度很小，而大粒径雾滴的速度明显大于小粒径雾滴。可推测，在这过程中小粒径雾滴与周围空气相互作用而逐渐失去动力，而大粒径雾滴不断分裂形成小雾滴。这种快速雾化过程随着喷雾的发展会逐渐趋于稳定。从 $X=800$ mm 时[图 4.17(f)]的速度散点图可发现，雾场中大粒径的雾滴数量明显增多，但其速度值较小。可推测，此时的大粒径雾滴是小粒径雾滴发生聚合作用而产生的。

通过上述描述，可总结雾场的发展过程为：射流自喷嘴喷出后，雾滴具有一定的速度，但不同粒径的雾滴速度分布不均匀，随着喷射距离增加，雾滴的速度首先明显降低，但粒径分布变化不大，喷射距离继续增大，大粒径雾滴不断分裂形成小粒径雾滴，小粒径雾滴的数量增多，但速度迅速降低，而未分裂或破碎不充分的大雾滴则继续保持较高的速度。随后，这些低速的小粒径雾滴相互碰撞产生部分低速大粒径雾滴，未充分破碎的雾滴继续破碎，此时雾滴的粒度与速度分布会趋于一种相对稳定状态，喷射距离继续增大，雾滴的速度已经非常小了，小粒径雾滴发生碰撞聚合现象，雾场的大粒径雾滴数量随之增多。

### 4.4.3 旋芯式喷嘴雾场粒度-速度分区结构

4.4.2 节中利用粒度-速度联合分析的方法从微观上阐释了喷雾的发展过程，但在工程实际中，我们仍希望直观得到宏观雾场的变化。在柴油机喷嘴的研究过程中，Nowruzi 等[148]根据柴油机各区域的气液耦合情况及相互关系，将喷雾场按照距离喷嘴的远近依次划分为液核区、翻腾流区、混合区、稀薄区和极稀薄区五个区域。按照此分类思路，结合之前的试验结论，根据雾场的粒度-速度特性，将旋芯式压力喷嘴喷雾结构划分为：混合区、扩张区、稳定区、衰减区和稀薄区五个区域，如图 4.18 所示。需要说明的是，本喷嘴的工作压为 2 MPa，因此喷雾结构不涉及低压射流状态，即出口很短距离就完成一次雾化破碎，$X$ 仅代表此压力下距离喷嘴出口的位置。

(1) 混合区($X=0\sim100$ mm)

混合区完成了一次雾化过程，该区域的特点是雾场密度大，雾滴不能在空气

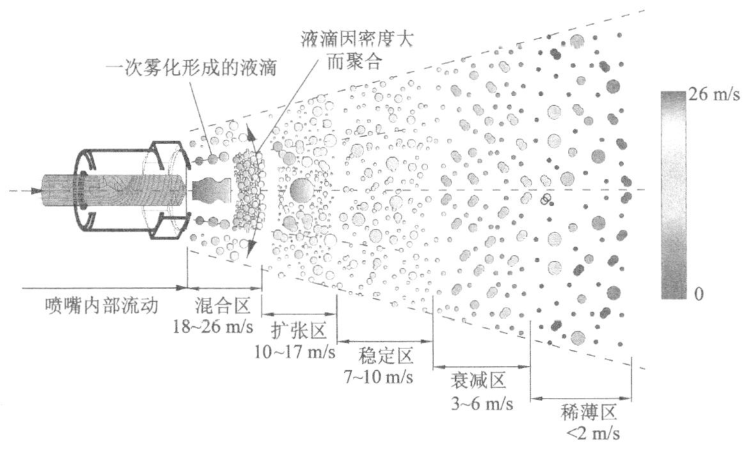


图 4.18 雾场粒度-速度特性分区图

中弥散，雾滴速度和粒度分布都不均匀，且小粒径雾滴更容易获得更大的速度。

(2) 扩张区($X$=100~400 mm)

此时雾滴都以离散形式存在，由于气液间的相对速度较大，内外力作用下，更多液滴发生二次雾化。喷雾在前进的同时也会径向发展，从而形成一个雾化角。此过程中主要受到空气阻力作用，速度明显减小。

(3) 稳定区($X$=400~800 mm)

该区的粒子本身是由扩张区的粒子破碎或裂化得到的，雾滴的速度耗散很大。此区域雾滴的特点是大部分不同粒径雾滴的速度相差不大，已经有部分小颗粒雾滴发生碰撞而聚合在一起，且存在部分高速大粒径雾滴继续保持分裂能力。

(4) 衰减区($X$=800 mm 之后)

衰减区的喷雾浓度已经降低，且速度极低。此时雾滴散落在空气中，雾滴间的相互作用减弱，但气液间耦合作用仍然很强，雾滴受喷雾卷吸的空气扰动力较大，发生碰撞的概率增加，大粒径雾滴数量明显增多。雾滴间的作用方式为“雾滴-气体-雾滴”，仍会有部分大粒径雾滴继续破碎。

(5) 稀薄区(雾场边缘)

该区域是喷雾的最外围。此时雾滴与周围空气间的动量交换已完成，两者的速度差基本接近零。雾滴主要存在湍流扩散和蒸发两种形式，而如碰撞、聚合、破碎、自转等其他形式均可忽略。

## 4.5 雾场空间分布特性影响因素分析

上一节全面分析了旋芯喷嘴的雾场空间分布特性并依据粒度-速度分布特性划分了雾场结构特点。本节将针对雾场空间分布特性的影响因素展开讨论。

### 4.5.1 影响雾滴破碎的主要因素

从根本上来说,雾滴的破碎程度与雾滴的受力有关。水作为液体介质,其内力主要受温度变化的影响,在确定的工况下,其变化可忽略,因此雾滴所受外力成为影响其破碎程度的关键因素,也就是说改变气动力和空气阻力便可改变雾滴的空间分布。由于空气阻力不受人为控制,因此,该问题就归结为如何改变液体所受气动力,即改变雾滴与空气的相对速度。雾化过程按照破碎机理可分为初次破碎和二次破碎。相对速度的大小在两次雾化过程中均起着重要作用。较大的相对速度既有利于射流表面波的产生,进而加速一次分裂;也有利于前进过程中减少空气阻力的影响,进而决定了液滴能否继续分裂。根据文献资料[149-154],相对速度大小主要取决于喷雾压力、喷嘴结构等因素。

(1) 喷雾压力

水压给液体射流提供动力,当压力较低时,喷射压力较小,因此气液相对速度较小,与空气作用力减弱,雾滴破碎不充分,SMD 较大。当提高压力时,喷射速度较大,气动作用增强,雾滴破碎充分,SMD 较小。

(2) 喷嘴结构

众多研究表明,喷嘴结构决定了流场结构,影响着喷雾的破碎过程。通过改变喷嘴结构,尽可能地减小液体束直径或者液膜厚度,改善一次雾化效果;二次雾化取决于气液间相对速度,相对速度在气液物性一定的情况下,取决于喷嘴内流场,因此喷嘴结构对二次雾化进行的深度起着重要作用,进一步影响雾场的空间分布特性。

本节借鉴以往的研究成果,选用试验可控参数,从喷雾压力、喷嘴结构两个方面入手,探究其对雾化效果的影响。通过分析试验结果,获得喷雾压力、喷嘴结构与喷射粒径、雾滴速度的关系,进而获得这两个因素对雾场空间分布特性的影响程度。

### 4.5.2 喷雾压力对喷雾空间分布特性的影响

下面将分析喷雾压力变化时雾场中雾滴的粒度与速度分布规律。试验时,测点布置在雾场中心轴线上($Y=0$ mm),分析随喷射距离增大,喷雾轴向方向

(X 方向)的 SMD 和速度变化趋势。

#### 4.5.2.1　喷雾压力对 SMD 的影响分析

按照 4.1 节的试验方法，测量 2～5 MPa 压力下中心轴线上 SMD 的分布情况，数据如表 4.2 所示，其粒径随 $X$ 的变化曲线如图 4.19 所示。4.2 节中已经详细描述了 2 MPa 下雾场的空间分布情况，这里不再赘述。

**表 4.2　2～5 MPa 下中心轴线上 SMD 的分布情况**

| 测点 | SMD/μm | | | |
|---|---|---|---|---|
| | 2 MPa | 3 MPa | 4 MPa | 5 MPa |
| (50,0) | 183.61 | 175.12 | 181.6 | 156.31 |
| (100,0) | 188.16 | 154.7141 | 144.77 | 110.64 |
| (150,0) | 198.48 | 149.76 | 121.09 | 105.35 |
| (200,0) | 180.32 | 158.93 | 127.64 | 101.86 |
| (250,0) | 175.89 | 124.37 | 120.67 | 106.41 |
| (300,0) | 169.32 | 114.23 | 116.89 | 101.91 |
| (350,0) | 144.25 | 126.24 | 88.34 | 100.24 |
| (400,0) | 127.06 | 103.44 | 85.94 | 90.45 |
| (450,0) | 102.45 | 89.24 | 78.63 | 81.59 |
| (500,0) | 113.01 | 90.32 | 77.37 | 84.01 |
| (550,0) | 106.94 | 80.54 | 72.67 | 85.97 |
| (600,0) | 92.85 | 81.97 | 72.56 | 70.82 |
| (650,0) | 98.88 | 85.38 | 80.34 | 80.67 |
| (700,0) | 90.03 | 71.78 | 71.71 | 75.86 |
| (750,0) | 103.85 | 79.46 | 60.37 | 72.98 |
| (800,0) | 107.85 | 84.38 | 68.89 | 73.81 |
| (850,0) | 95.78 | 73.23 | 63.67 | 75.87 |
| (900,0) | 120.78 | 83.78 | 70.32 | 78.84 |
| (950,0) | 134.98 | 85.52 | 76.84 | 78.43 |
| (1000,0) | 124.76 | 80.46 | 78.45 | 80.45 |

通过图 4.19 可以发现，当压力为 3 MPa、4 MPa、5 MPa 时，SMD 的变化具有相似性，与 2 MPa 下不同的是，$X$＝800 mm 之后雾滴粒径依然维持稳定的状态，而不是逐渐增加。具体分析如下：

当压力为 3 MPa 时，其雾场依然可以划分为 2 个区间：① 当 $X$＝50～400

mm 时，SMD 波动式下降，其下降幅度为 41%，此时雾滴破碎作用占据上风；② 当 $X$=400～1 000 mm 时，SMD 较为稳定，波动幅度小于 20%，处在 70～90 μm 之间。当压力增大至 4 MPa 时，轴向 SMD 先快速减小，至 $X$=350 mm 时稳定在 60～88 μm 之间。压力继续增大至 5 MPa 时，SMD 在距离喷嘴 400 mm 之后便稳定分布于 70～90 μm 之间。由上述分析可知，压力为 2MPa 时，水离开喷嘴后 200 mm 开始破碎，雾滴与被卷吸进入雾场内部的空气进行剧烈的能量交换，破碎作用逐渐占据主导作用，距离喷嘴 450 mm 之后逐步稳定，距离喷嘴 800 mm 之后进入稀薄区，雾滴逐渐聚合变大。

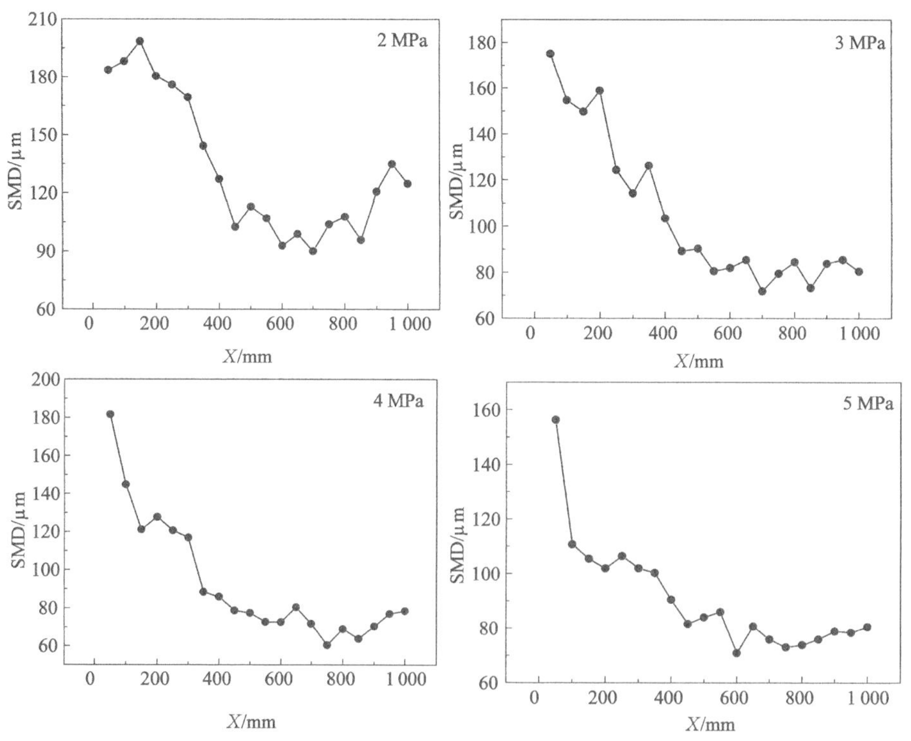


图 4.19　雾场中心轴线上在不同压力下的 SMD 分布情况

根据表 4.2 可总结该类型喷嘴在自然无风条件下喷射能够达到的平均最小粒径为 60 μm，破碎完成后，雾滴绝大部分粒径都在 60～90 μm 之间。而通过聂文等的研究[155]，风流扰动情况下，雾滴粒径会有所增加，但小粒径雾滴的比例有所增加。因此，在现场实际应用中，还应考虑环境对雾滴粒径的影响。

#### 4.5.2.2　喷雾压力对速度场的影响分析

图 4.20、图 4.21 为雾场中心轴向方向轴向速度与径向速度随压力变化的

趋势图。从图 4.20 可以看出,不同压力下,喷雾轴线上的轴向速度分布具有很好的相似性,呈"抛物线"式下降,一开始急剧减少,而后缓慢减少。2 MPa 下,从 $X$=50 mm 开始,直到 $X$=400 mm,轴向速度衰减明显,而压力增大后,轴向速度随喷射距离的减小幅度变小,其分布曲线的变化越来越平缓。纵向比较 4 个压力下的变化曲线可发现:轴向速度随压力增大而不断增加,5 MPa 下 $X$=50 mm 的速度数值比 2 MPa 下增加了 40%,$X$=600 mm 时增加了 52%,$X$=1 000 mm 时增加了 73%。由此可见,压力对轴向速度变化作用明显,随着喷射距离增大,喷雾受外界空气的影响减弱,仍能保持动量,保证前进的势头。动量的保持决定了喷雾射程的远近,虽然试验未能测到 $X$=1 000 mm 之后的 SMD 变化,但通过本次试验结果可判断出增加压力可显著提高喷雾射程。

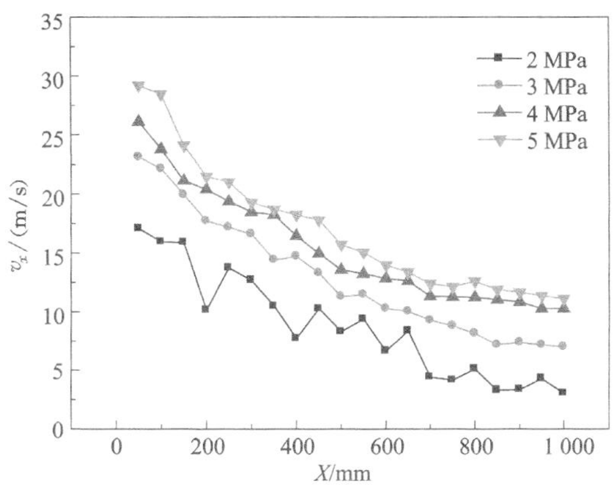


图 4.20 轴向方向轴向速度随压力的变化曲线

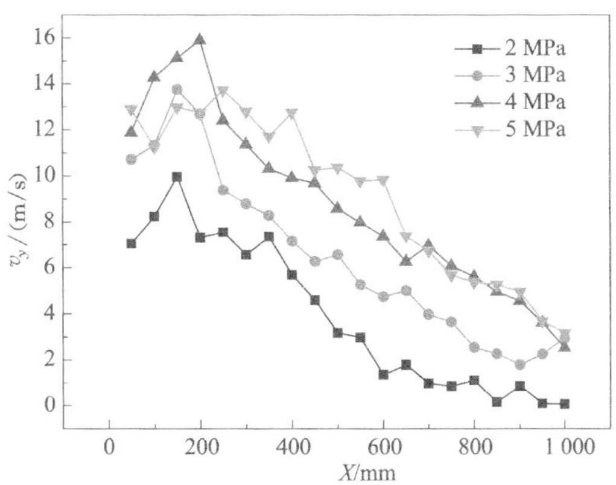


图 4.21 轴向方向径向速度随压力的变化曲线

由图 4.21 可知，随着压力增大，径向速度在轴向方向上的变化规律具有相似性，都是先逐渐增大，又缓慢下降。在 $X=200$ mm 左右达到一个最大值。2 MPa 下，径向速度在距离喷嘴出口 600 mm 之后逐步趋于稳定，而随着压力增大，在该点之后速度仍在继续减少，说明此距离下，雾滴的动量仍高于外界空气的阻力，可以依旧保持着向外扩张的势头，但这种扩散作用已经很微弱了。这种现象也可解释长距离的锥角统计测量中，锥角会随着统计截面的后移而逐渐变小，当增大压力时，中间会出现一小段近似圆柱段的雾场，随后锥角才慢慢减小。

#### 4.5.2.3 压力对粒度-速度联合分布特性的影响分析

图 4.22、图 4.23 分别给出了 $X=50$ mm 和 $X=200$ mm 中心点处粒度—速度随压力变化的分布散点图。$X=50$ mm 是距离喷嘴最近的一个测点，从该测点开始，雾滴经历一系列碰撞、聚合、扩散等复杂变化。通过图 4.22 可知，压力增大，雾滴的轴向速度跟径向速度同时增加，轴向速度增加得更明显。低压时粒径不同的雾滴获得的速度较为集中，随着压力增大，雾滴的速度越来越分散。这一现象在大粒径雾滴里表现得尤为明显。比较不同压力下，不同粒径雾滴的分布情况可以发现，雾滴的粒度分布变化不大。这说明增加压力后，虽然雾滴速度有所增加，但没有立即开始破碎。这也从侧面反映了，在喷嘴出口附近，雾滴速度的增加主要是提高了雾滴前进的动力，而对于加深雾滴破碎程度的影响不大。

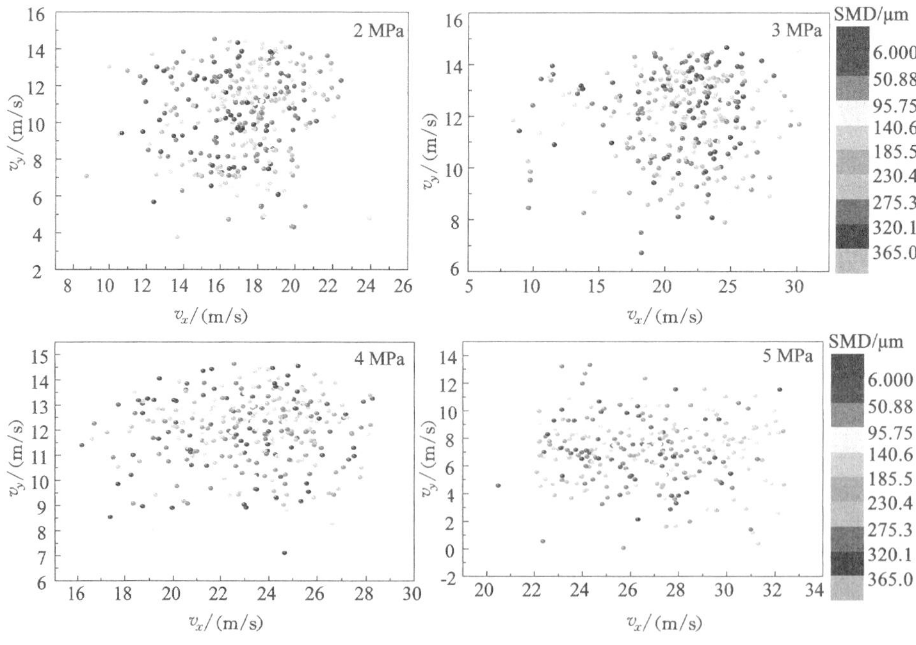


图 4.22 粒度-速度联合分布随压力的变化情况($X=50$ mm,$Y=0$ mm)

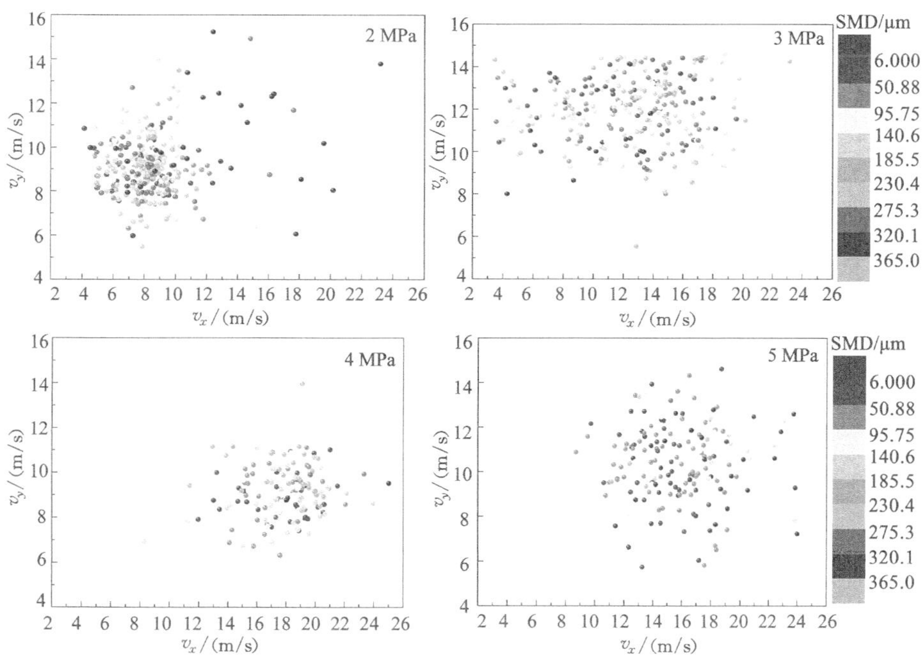


图 4.23 粒度-速度联合分布随压力的变化情况（$X$=200 mm，$Y$=0 mm）

造成这一现象的主要原因是射流破碎是从外缘向核心进行的，而距离喷嘴较近的雾场浓度高，此时外部的空气还无法大量被卷吸进入雾场内部与雾滴进行充分混合作用，此时雾滴破碎作用不充分。

由之前的分析可知，$X$=200 mm 时雾滴正处于破碎过程，压力越大，与周围空气的能量交换越剧烈。随着压力增大，大粒径的雾滴数量慢慢减少，当压力增至 4 MPa、5 MPa 时，大粒径的雾滴数量几乎消失。这也从另一方面反映了，随着压力增大，该测点的雾滴分布越来越均匀。此时雾滴仍保持着很大的轴向和径向速度，表现为雾场有很强的前进和外扩的趋势。

与 $X$=50 mm 的测点相比，当 $X$=200 mm 时，随着压力增大，轴向速度的增幅明显减缓，而雾滴粒径变小的趋势却非常明显，这也验证了此刻雾滴的分裂占主导作用。同时还可发现，同一压力下，$X$=200 mm 时，大粒径雾滴的速度明显减少，这说明雾滴克服空气阻力前进的过程中需要消耗大量动能。

结合 4.5.2.1、4.5.2.2 和 4.5.2.3 的结论，可总结随着压力增大，雾场结构的几个显著特征：① 压力增大，提前进入扩张区，且破碎过程完成得越快，2 MPa 和 3MPa 时，SMD 在距离喷嘴 450 mm 时趋于稳定，4 MPa 时 SMD 在距离喷嘴 350 mm 时趋于稳定区间，5 MPa 时 SMD 在距离喷嘴 100 mm 时已经趋于稳定区间;② 压力增大,稳定区的距离越长,与①所述相呼应;③ 增大压力,对于相同测点位置来说,压力变化对 SMD 的影响越来越小。

通过雾场粒度与速度的空间分布特性也可解释加压对宏观雾化特性的影响:① 加压后,雾滴的速度和动能增加,受外界阻力影响变小,雾场稳定区延长,这导致喷雾的射程增大;② 加压后,径向速度的增长幅度不如轴向速度,雾化角变小。

### 4.5.3 喷嘴结构对雾滴空间分布特性的影响

大量试验研究表明,对于同一类型喷嘴,在同样工况下,其入口/出口直径比对出口速度起关键性影响作用,进而影响外部雾场的雾化特性,喷嘴的其他内部结构对外部雾场雾化特性有一定影响,但比不上出口直径对喷雾的影响。这一结论在直射式喷嘴[156]、简单离心式喷嘴[157]中都得到印证。选用的喷嘴结构虽然与上述两类喷嘴有所区别,但雾化方式类似,因此其试验结论具有参考价值。

这里定义 $D=D_1/D_2$,第 2 章介绍 $D_1$ 和 $D_2$ 时强调喷嘴的出口直径是喷嘴设计时首先要选定的重要参数,也是确定其他参数的依据。选择矿用喷嘴直径时要考虑两方面因素:一是,煤矿降尘用水杂质较多,易造成堵塞,因此其出口直径不能过小;二是,喷嘴出口直径也不宜太大,若太大,会造成单个喷嘴的耗水量太大,一般而言,$D_2=1\sim2.5$ mm。依照此选用标准,选定出口直径后,则匹配相关的入口直径。按照上述方法选择 4 个喷嘴进行试验,其实物图如图 4.24 所示,结构参数如表 4.3 所示。

图 4.24 $D$ 值不同的喷嘴实物图

**表 4.3 不同 $D$ 值喷嘴结构参数表**

| 编号 | $D_1$/mm | $D_2$/mm | $D$/mm |
|---|---|---|---|
| 1 | 4 | 1.2 | 3.33 |
| 2 | 5.5 | 1.5 | 3.67 |
| 3 | 7.5 | 2 | 3.75 |
| 4 | 9.5 | 2.4 | 3.96 |

首先，测量喷嘴的宏观雾化参数，如表 4.4 所示。通过该表可以发现，当压力相同时，喷嘴 $D$ 值越大，相应的喷嘴直径越大，喷嘴流量越大，雾化角越大，射程越远。

**表 4.4 不同 $D$ 值下的喷嘴宏观雾化特性参数**

| $D$/mm | 宏观雾化参数 | |
|---|---|---|
| | 雾化距离/m | 雾化角/(°) |
| 3.33 | 1.9 | 42.7 |
| 3.67 | 2.3 | 46.6 |
| 3.75 | 2.8 | 51.9 |
| 3.96 | 3.4 | 53.6 |

#### 4.5.3.1 喷嘴结构对轴向 SMD 分布的影响

4 种 $D$ 值不同的喷嘴中心轴线上的 SMD 的测试结果如表 4.5 所示。其粒径随轴向距离的变化曲线如图 4.25 所示。通过表 4.5 可发现，同一测点的 SMD 随 $D$ 增加而增大，并且 $D$ 值变化对其粒度大小的影响较大，从测量结果来看，$D$=3.96 mm 的喷嘴雾场 SMD 整体比 $D$=3.33 mm 的喷嘴雾场 SMD 增加 2～3 倍。

**表 4.5 不同 $D$ 值喷嘴中轴线 SMD 的分布情况**

| 测点 | SMD/μm | | | |
|---|---|---|---|---|
| | $D$=3.33 mm | $D$=3.67 mm | $D$=3.75 mm | $D$=3.96 mm |
| (50,0) | 120.74 | 183.61 | 195.74 | 218.87 |
| (100,0) | 98.14 | 188.16 | 190.67 | 211.04 |
| (150,0) | 96.64 | 198.48 | 208.69 | 200.64 |
| (200,0) | 74.98 | 180.32 | 204.38 | 189.29 |
| (250,0) | 71.78 | 175.89 | 195.67 | 211.20 |
| (300,0) | 62.75 | 169.32 | 179.51 | 236.84 |
| (350,0) | 63.28 | 144.25 | 140.88 | 226.58 |
| (400,0) | 61.59 | 127.06 | 130.64 | 189.70 |
| (450,0) | 64.13 | 102.45 | 117.48 | 154.20 |
| (500,0) | 69.65 | 113.01 | 119.65 | 139.36 |
| (550,0) | 65.98 | 106.94 | 125.48 | 154.92 |
| (600,0) | 75.84 | 92.85 | 128.54 | 127.34 |

表 4.5(续)

| 测点 | SMD/μm | | | |
|---|---|---|---|---|
| | $D$=3.33 mm | $D$=3.67 mm | $D$=3.75 mm | $D$=3.96 mm |
| (650,0) | 76.52 | 98.88 | 125.87 | 169.87 |
| (700,0) | 90.64 | 90.03 | 153.75 | 158.95 |
| (750,0) | 93.81 | 103.85 | 160.78 | 173.98 |
| (800,0) | 99.45 | 107.85 | 173.17 | 215.65 |
| (850,0) | 100.91 | 95.78 | 180.47 | 238.79 |
| (900,0) | 102.48 | 120.78 | 168.67 | |
| (950,0) | 110.48 | 134.98 | 183.75 | |
| (1000,0) | 115.64 | 124.76 | 197.35 | |

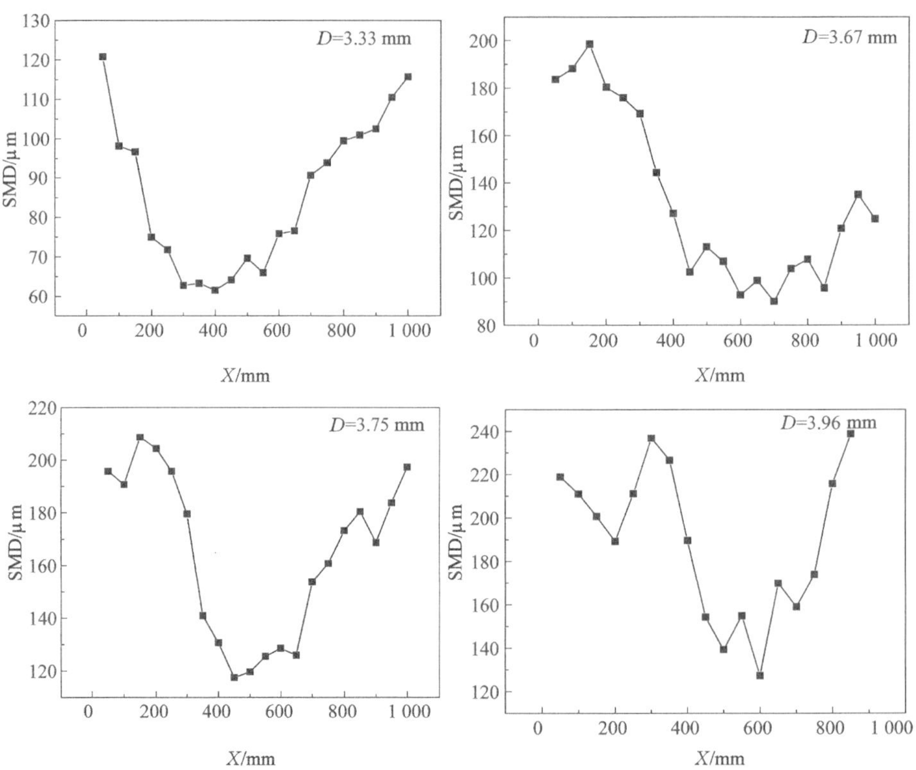


图 4.25 雾场中心轴线上在不同 $D$ 值下的 SMD 分布情况

如图 4.25 所示，不同 $D$ 值喷嘴中心轴线上的粒径分布曲线均不相同，但都有先减小后增大的情况。$D$=3.33 mm 的喷嘴，从 $X$=50 mm 开始，SMD 逐渐减小，说明此时雾滴正处于破碎阶段，随后经过一小段稳定区间后，$X$=600～1 000 mm 时，SMD 又逐渐增大，此时雾滴间相互的非弹性碰撞作用加强。$D$=3.67 mm 和 $D$=3.75 mm 时，SMD 从 $X$=200 mm 开始大量减小。但破碎完成后的 SMD 较 $D$=3.33 mm 时明显增大。$D$=3.96 mm 的喷嘴雾场 SMD 随喷雾距离的变化一直处于波动状态，造成这一现象的原因可能是雾滴受内外力影响一直变化，雾滴破碎与碰撞合并同时发生，使雾场一直处于变化之中。

4.5.3.2 喷嘴结构对速度场的影响

图 4.26 表示不同 $D$ 值喷嘴轴向速度沿轴向方向的分布图，图 4.27 表示径向速度沿轴向方向的分布图。从两图中可看出，随着喷雾距离增加，轴向速度和径向速度都不断减小。由图 4.26 可知，减小 $D$ 值可明显提高近喷嘴区域的雾滴轴向速度。当 $D$=3.33 mm 时，其轴向速度衰减加剧，从距离喷嘴 400 mm 之后，速度逐渐小于 $D$=3.67 mm 的喷嘴，到距离喷嘴 650 mm 后，速度几乎为零。$D$=3.75 mm 和 $D$=3.96 mm 的喷嘴的轴向速度随距离增加呈现缓慢下降的趋势，也就是说大直径喷嘴的雾滴保持速度的能力较高。但由于出口时轴向速度较小，因此在远雾场区域轴向速度仍小于 $D$=3.67 mm 的喷嘴。由图 4.27 可知，在近雾场时，$D$=3.33 mm 的喷嘴径向速度明显高于其他 3 种喷嘴，但与其轴向速度类似，速度衰减较快，至 650 mm 后，径向速度几乎为零。在远雾场，$D$=3.75 mm 和 $D$=3.96 mm 的喷嘴的径向速度略高于 $D$=3.67 mm 的喷嘴。但总体而言，4 种喷嘴在远雾场的径向速度都很接近，且都在 1 m/s 左右。

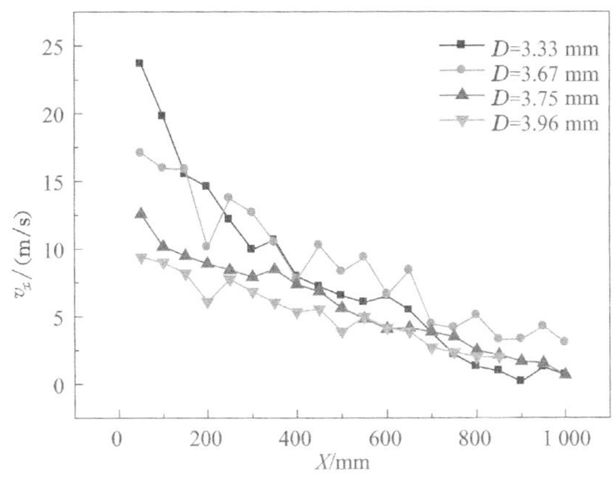


图 4.26 轴向方向轴向速度随 $D$ 值的变化曲线

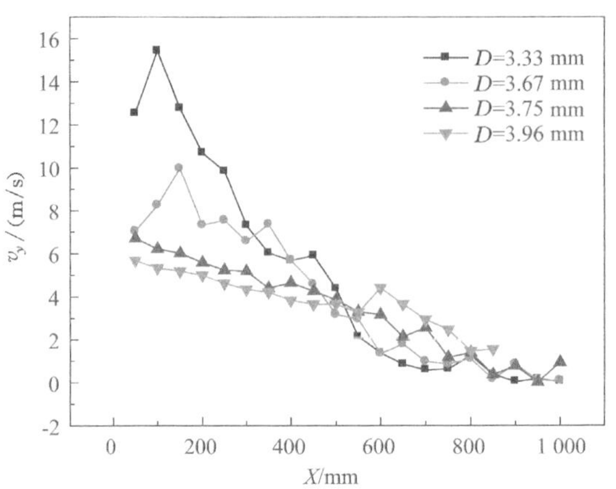


图 4.27　轴向方向径向速度随 $D$ 值的变化曲线

综合表 4.4 可知，$D$ 值越小，出口轴向速度越大，但其速度衰减较 $D$ 值大的喷嘴快，射程也最近。出现这一现象的原因是，$D$ 值减小会带来两方面的影响：一是，出口面积减小，出入口之间的压降会增加，这会增加液体的能量损失；二是，压降增加反而会增加液体的出口速度。因此两种相反的现象同时发生，速度增加有利于液体与周围环境相互作用，进而提高雾化效果，而压损增加了液体的能量损失，使其保持速度的能力降低。

#### 4.5.3.3　喷嘴结构对粒度-速度联合分布特性的影响分析

图 4.28 和图 4.29 给出了 $X=50$ mm 和 $X=200$ mm 中心点处，粒度-速度分布随 $D$ 值变化的散点图。从图 4.28 可直观看出，$X=50$ mm 时，随着 $D$ 值增加，雾滴的空间分布有两大特征：一是，大粒径雾滴数量增多；二是雾滴的速度分布越来越集中。$D=3.33$ mm 时，该测点几乎没有大粒径雾滴，并且小于 95 μm 的雾滴数量占优势，这说明此时雾滴已经完成一部分破碎。当 $D$ 值增大至 3.67 mm 时，大部分大粒径雾滴的轴向速度都在该测点的平均速度之上，说明大粒径雾滴拥有较高动量，具备继续破碎成小粒径雾滴的能力。当 $D$ 继续增大时，出现许多速度较低的大粒径雾滴。由之前的研究可知，$D$ 值增大导致速度减少，所以出现该现象的原因是，轴向速度减少造成雾滴破碎不充分。$D=3.96$ mm 时，该测点也具有同样的分布特性。

从图 4.29 依然可以看到随着 D 值增大，出现大量的大粒径雾滴，通过 4.5.3.1 的分析可知，$D$ 值增大后，该测点的雾滴可能尚未处于扩张区，因此，除了破碎不充分造成雾滴粒径变大，$D$ 值较大的雾场中雾滴可能存在超越碰撞的现象[158]，脱离喷嘴的射流速度存在脉动，后一时刻的速度可能会大于前一时刻的速度，雾

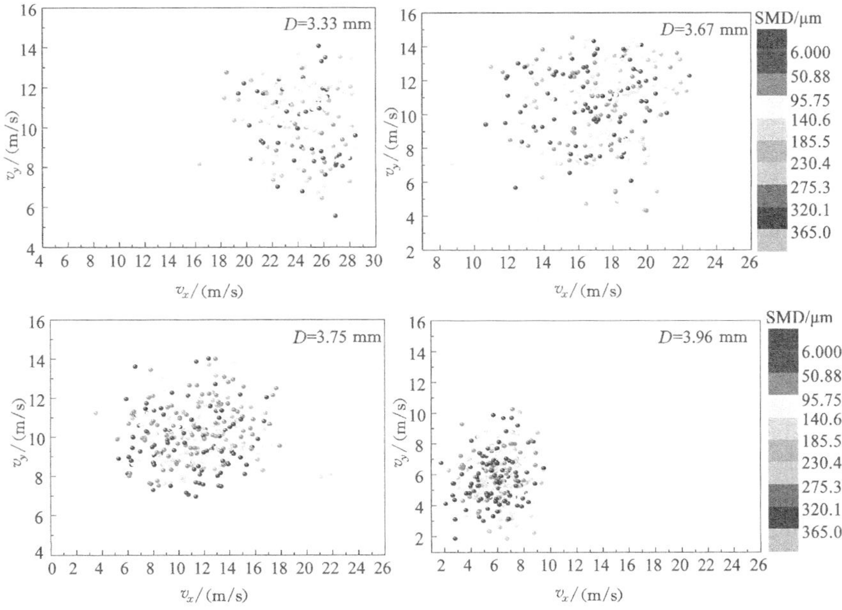


图 4.28 粒度-速度联合分布随 $D$ 值的变化情况($X=50$ mm,$Y=0$ mm)

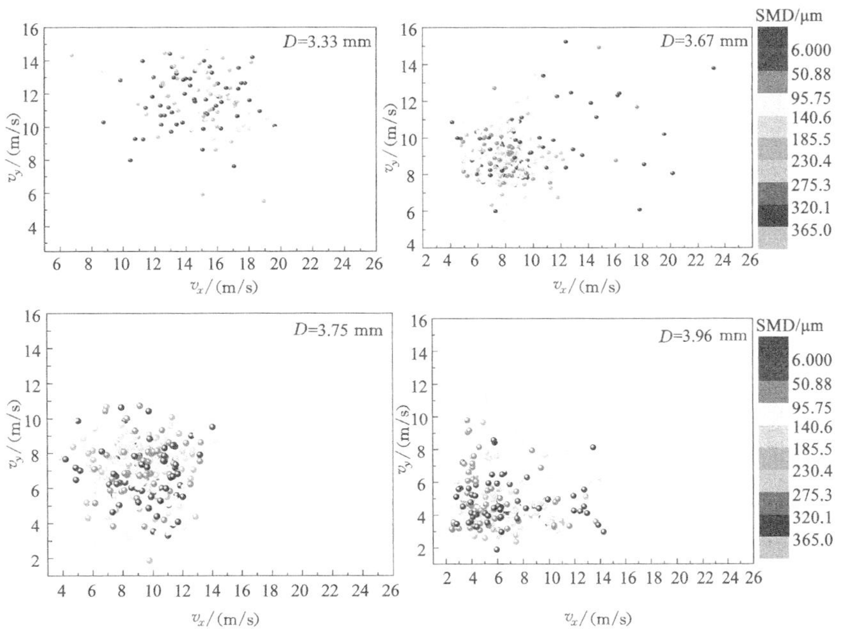


图 4.29 粒度-速度联合分布随 $D$ 值的变化情况($X=200$ mm,$Y=0$ mm)

滴会发生超越。上述两图中 $D$ 值增大后都出现了许多低速大粒径雾滴，这说明，$D$ 值增大后，出口速度降低，近雾场小粒径雾滴破碎后，碰撞聚合而成的大粒径雾滴可能占很大一部分比例。通过 4.5.3.1、4.5.3.2 和 4.5.3.3 的分析可知，$D$ 值增大，最明显的特征是雾滴扩张区开始的位置逐渐滞后。

# 5 尘雾耦合降尘的试验研究

## 5.1 尘雾耦合作用机理及降尘效率分析

降尘喷嘴雾化性能的好坏对其降尘效果的影响起着决定性作用。现有的降尘理论指出，喷雾降尘是惯性碰撞、重力沉降、布朗扩散、拦截与静电捕集等多种机理综合作用的结果，但以惯性碰撞为主[159]。布朗的研究表明，如果雾滴与粉尘的粒径相当，则会产生有效碰撞，从而沉降粉尘。

从流体-颗粒两相流的角度可进一步解释这种现象。斯托克斯数(Stokes number)是一个无量纲数，表示颗粒松弛时间($\tau_p$)和流体特征时间($\tau_f$)的比，用于描述悬浮颗粒在流体中的行为。当雾滴在空气中运动时，

$$\tau_f = d_w / v_r \tag{5.1}$$

式中 $d_w$——雾滴的直径，m；

$v_r$——雾滴与尘粒之间的相对速度，m/s。

此时，斯托克斯数可以用下面的形式表示[160]：

$$S_t = \frac{\tau_p}{\tau_f} = \frac{\rho_p d_p^2 v_r}{18\mu d_w} \tag{5.2}$$

式中 $\rho_p$——尘粒密度，kg/m$^3$；

$d_p$——尘粒直径，m；

$\mu$——空气动力黏度，20 ℃下为 $1.81\times10^{-5}$ Pa·s。

从式(5.2)可以看出，对于大小一定的尘粒，斯托克斯数只与雾滴的大小以及雾滴与尘粒间的相对速度有关。假设尘粒的速度与风速(流体)相同，根据实际喷雾情况可知，不同雾滴的 $v_r$ 的变化不如 $d_w$ 大，后者可以从几微米到几百微米之间变化。因此，斯托克斯数容易受 $d_w$ 变化的影响。

综上所述，如果雾滴与尘粒的尺寸相近，意味着 $d_w$ 较小，则斯托克斯数要大很多，尘粒基本没有时间来响应流体速度变化，这时尘粒主要是惯性运动，这意味着尘粒可能会碰撞液滴而不是跟随流体运动，因此，相似尺寸的尘粒和雾滴之间的碰撞概率大大增加；而如果雾滴比尘粒大得多，斯托克斯数将小得多，这表明尘粒有足够的时间紧跟流体运动并且不会发生接触。雾滴捕获尘粒的示意图如图 5.1 所示。

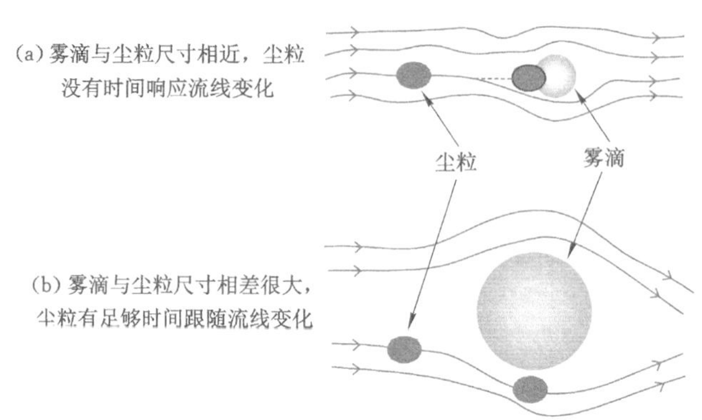


图 5.1　雾滴大小对尘粒捕获的影响

基于上述研究基础，Walton 等[161]提出了孤立液滴的捕集效率为：

$$\eta=\left(\frac{S_t}{S_t+0.7}\right)^2 \tag{5.3}$$

Mohebbi 等[162]经过严密的公式推导，也得到了一个雾滴捕尘效率的公式：

$$\eta=\left(\frac{S'_t}{S_t+1}\right)^r \tag{5.4}$$

其中，$r=0.759S'^{-0.245}_t$。

李刚[163]结合煤矿实际情况，取一开放尘源的断面，推导得到了断面除尘效率：

$$\eta=1-\exp\left(\frac{-3UQ\eta_g x}{2D_c A U_g U_d}\right) \tag{5.5}$$

式中　$A$——断面面积，$m^2$；

$Q$——雾滴体积流量，m/s；

$\eta_g$——孤立液滴的捕尘效率；

$x$——断面长度，m；

$D_c$——雾滴粒径，m；

$U_d$——雾滴运动速度，m/s；

$U_g$——粉尘随空气流动速度，m/s；

$U$——雾滴与粉尘的相对速度($U=U_d-U_g$)，m/s。

上述结论是从微观角度阐述单个尘雾耦合作用时对雾滴的要求，随着研究的深入，许多学者发现[164-166]，过小的雾滴虽能捕捉到粉尘，但在沉降过程中也会因为蒸发作用而失去降尘作用，若雾滴与粉尘之间的相对速度过大，则极大地减少了粉尘与雾滴颗粒之间的接触时间，使捕尘效率降低。因此，适合沉降粉尘的雾滴粒径及速度应存在一个最佳的范围，李刚[163]认为雾滴粒径在 50～150 μm 之间，速度大于 20～30 m/s 时对降尘是有利的。罗跃勇等[167]提出在产尘区均匀分布粒径为 50 μm、速度达到 20 m/s 以上的雾流可达到最佳降尘效果。周刚等[54]提出了针对呼吸性粉尘的雾滴最佳捕尘粒径为 15～70 μm，孟君[7]则认为雾滴粒径为 15～35 μm 时呼吸性粉尘的降尘效率最高。

## 5.2 尘雾耦合特性的降尘试验研究

以往针对粉尘粒径、雾滴粒径、雾滴速度和降尘率 4 者之间的相关关系开展理论研究时，往往假定非研究因素为一个定值。例如，宁仲良等[168]推导了雾滴速度为 40 m/s，雾滴粒径为 40 μm、60 μm 和 80 μm 时粉尘粒径与降尘率之间的关系。马素平等[169]对喷雾降尘机理进行研究时，建立了雾滴粒径为 25 μm、50 μm、100 μm 和 200 μm 时，粉尘粒径与降尘率的数学模型。在实际喷雾降尘中，雾滴粒径、雾滴速度处于变化之中，因此，这些关系式仅具有理论分析意义。在实验室环境[170]和现场环境[51]测试降尘率时，也仅仅考虑对总尘和呼尘的沉降效率，不能全面反映雾场对不同粒径粉尘的沉降效果。也就是说，不同粒度的粉尘，用何种参数的雾滴降尘效果最好，仍需要进一步探讨。基于上述问题，并结合试验可操作性，提出了针对不同粒径区间煤尘的沉降试验，以期从试验角度获得上述 4 者之间的关系。其中，第 4 章已经给出雾场雾滴的粒径和速度信息。

### 5.2.1 不同粒度煤尘的制备

选用运河煤矿气肥煤作为试验用煤样。首先，将破碎的煤块利用球磨机研磨煤粉，碾磨时间为 30 min。将其放入干燥箱中干燥 24 h。然后利用筛分法来获得不同粒径范围的煤粉。筛分法是一种传统的粒度测试方法，选用孔径大小不一的标准筛，按照从小到大摞起，最下面为底筛，最上面为筛盖。让煤样通过系列不同筛孔的标准筛，将其分离成若干个粒级，分别称重，求得质量百分比表示粒度分布[171]。在这里，利用该方法制备不同粒径区间的煤粉。

考虑目前煤矿主要需要沉降的粉尘粒径以小于 75 μm 为主，并且细尘（40 μm 以下）自然条件下很难过筛的问题，本次试验选用了 200 网目（75 μm）、250 网目（58 μm）和 325 网目（45 μm）的标准筛对煤尘进行分级处理。尽管 45 μm 以下的粉尘无法继续分级，但将过 325 网目的煤粉继续研磨 2 h，可制备接近呼吸性粉尘（小于 7.07 μm）的煤粉，而这部分煤尘能够进入人体肺部，引发尘肺病，因此具有重大的研究意义。

制备完煤粉之后，采用英国马尔文仪器有限公司生产的 Mastersizer 3000E

激光粒度分析仪(图 5.2)对筛选的煤粉粒度及分布状况进行试验分析,结果见表 5.1～表 5.3 和图 5.3～图 5.5。

图 5.2　Mastersizer 3000E 激光粒度分析仪

**表 5.1　[58,75]区间的煤尘粒度分布情况**

| 粒径/μm | 体积/% | 粒径/μm | 体积/% | 粒径/μm | 体积/% | 粒径/μm | 体积/% |
|---|---|---|---|---|---|---|---|
| 0.113 | 0.00 | 0.991 | 0.00 | 8.677 | 0.00 | 76.006 | 28.16 |
| 0.128 | 0.00 | 1.125 | 0.00 | 9.858 | 0.00 | 86.355 | 4.30 |
| 0.146 | 0.00 | 1.279 | 0.00 | 11.201 | 0.00 | 98.114 | 1.25 |
| 0.166 | 0.00 | 1.453 | 0.00 | 12.726 | 0.00 | 111.473 | 2.82 |
| 0.188 | 0.00 | 1.651 | 0.00 | 14.458 | 0.02 | 126.652 | 0.00 |
| 0.214 | 0.00 | 1.875 | 0.00 | 16.427 | 0.17 | 143.897 | 0.00 |
| 0.243 | 0.00 | 2.131 | 0.00 | 18.664 | 0.22 | 163.490 | 0.00 |
| 0.276 | 0.00 | 2.421 | 0.00 | 21.205 | 0.26 | 185.752 | 0.00 |
| 0.314 | 0.00 | 2.750 | 0.00 | 24.092 | 0.28 | 211.044 | 0.00 |
| 0.357 | 0.00 | 3.125 | 0.00 | 27.373 | 0.17 | 239.780 | 0.00 |
| 0.405 | 0.00 | 3.550 | 0.00 | 31.100 | 0.04 | 272.430 | 0.00 |
| 0.460 | 0.00 | 4.034 | 0.00 | 35.335 | 1.21 | 309.525 | 0.00 |
| 0.523 | 0.00 | 4.583 | 0.00 | 40.146 | 1.46 | 351.670 | 0.00 |
| 0.594 | 0.00 | 5.207 | 0.00 | 45.613 | 3.58 | 399.555 | 0.00 |
| 0.675 | 0.00 | 5.916 | 0.00 | 51.823 | 4.08 | | |
| 0.767 | 0.00 | 6.722 | 0.00 | 58.880 | 22.71 | | |
| 0.872 | 0.00 | 7.637 | 0.00 | 66.897 | 29.47 | | |

表 5.2 [45,58]区间的煤尘粒度分布情况

| 粒径/μm | 体积/% | 粒径/μm | 体积/% | 粒径/μm | 体积/% | 粒径/μm | 体积/% |
|---|---|---|---|---|---|---|---|
| 0.113 | 0.00 | 0.991 | 0.00 | 8.677 | 0.27 | 76.006 | 0.79 |
| 0.128 | 0.00 | 1.125 | 0.00 | 9.858 | 0.19 | 86.355 | 0.89 |
| 0.146 | 0.00 | 1.279 | 0.00 | 11.201 | 0.05 | 98.114 | 1.27 |
| 0.166 | 0.00 | 1.453 | 0.00 | 12.726 | 0.28 | 111.473 | 0.32 |
| 0.188 | 0.00 | 1.651 | 0.06 | 14.458 | 0.32 | 126.652 | 0.88 |
| 0.214 | 0.00 | 1.875 | 0.03 | 16.427 | 0.13 | 143.897 | 0.44 |
| 0.243 | 0.00 | 2.131 | 0.15 | 18.664 | 0.15 | 163.490 | 0.00 |
| 0.276 | 0.00 | 2.421 | 0.05 | 21.205 | 0.16 | 185.752 | 0.00 |
| 0.314 | 0.00 | 2.750 | 0.03 | 24.092 | 0.12 | 211.044 | 0.00 |
| 0.357 | 0.00 | 3.125 | 0.03 | 27.373 | 1.51 | 239.780 | 0.00 |
| 0.405 | 0.00 | 3.550 | 0.17 | 31.100 | 2.30 | 272.430 | 0.00 |
| 0.460 | 0.00 | 4.034 | 0.08 | 35.335 | 3.58 | 309.525 | 0.00 |
| 0.523 | 0.00 | 4.583 | 0.05 | 40.146 | 2.08 | 351.670 | 0.00 |
| 0.594 | 0.00 | 5.207 | 0.26 | 45.613 | 18.25 | 399.555 | 0.00 |
| 0.675 | 0.00 | 5.916 | 0.16 | 51.823 | 34.02 | | |
| 0.767 | 0.00 | 6.722 | 0.08 | 58.880 | 29.61 | | |
| 0.872 | 0.00 | 7.637 | 0.24 | 66.897 | 1.02 | | |

表 5.3 [0,45]区间的煤尘粒度分布情况

| 粒径/μm | 体积/% | 粒径/μm | 体积/% | 粒径/μm | 体积/% | 粒径/μm | 体积/% |
|---|---|---|---|---|---|---|---|
| 0.113 | 0.00 | 0.991 | 0.88 | 8.677 | 8.76 | 76.006 | 0.00 |
| 0.128 | 0.00 | 1.125 | 1.17 | 9.858 | 6.82 | 86.355 | 0.00 |
| 0.146 | 0.00 | 1.279 | 1.44 | 11.201 | 6.19 | 98.114 | 0.00 |
| 0.166 | 0.00 | 1.453 | 1.70 | 12.726 | 6.87 | 111.473 | 0.00 |
| 0.188 | 0.00 | 1.651 | 1.92 | 14.458 | 4.99 | 126.652 | 0.00 |
| 0.214 | 0.00 | 1.875 | 2.11 | 16.427 | 2.92 | 143.897 | 0.00 |
| 0.243 | 0.00 | 2.131 | 2.26 | 18.664 | 0.85 | 163.490 | 0.00 |
| 0.276 | 0.00 | 2.421 | 2.41 | 21.205 | 0.00 | 185.752 | 0.00 |
| 0.314 | 0.00 | 2.750 | 2.59 | 24.092 | 0.00 | 211.044 | 0.00 |
| 0.357 | 0.00 | 3.125 | 2.83 | 27.373 | 0.00 | 239.780 | 0.00 |
| 0.405 | 0.00 | 3.550 | 3.18 | 31.100 | 0.00 | 272.430 | 0.00 |
| 0.460 | 0.00 | 4.034 | 3.67 | 35.335 | 0.00 | 309.525 | 0.00 |
| 0.523 | 0.00 | 4.583 | 4.36 | 40.146 | 0.00 | 351.670 | 0.00 |
| 0.594 | 0.00 | 5.207 | 7.22 | 45.613 | 0.00 | 399.555 | 0.00 |
| 0.675 | 0.18 | 5.916 | 6.23 | 51.823 | 0.00 | | |
| 0.767 | 0.37 | 6.722 | 9.27 | 58.880 | 0.00 | | |
| 0.872 | 0.61 | 7.637 | 8.18 | 66.897 | 0.00 | | |

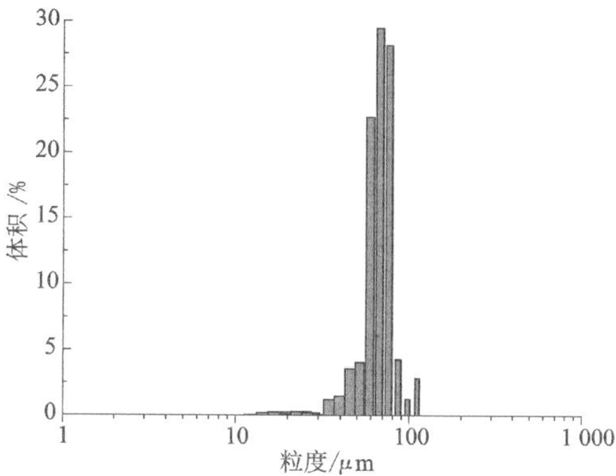


图 5.3 [58,75]区间的煤尘频率分布直方图

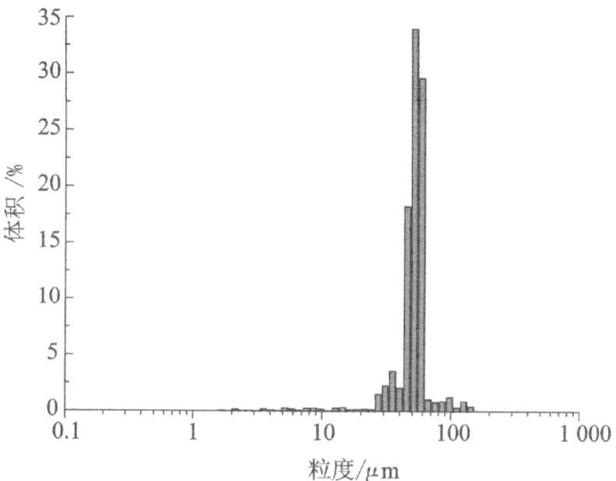


图 5.4 [45,58]区间的煤尘频率分布直方图

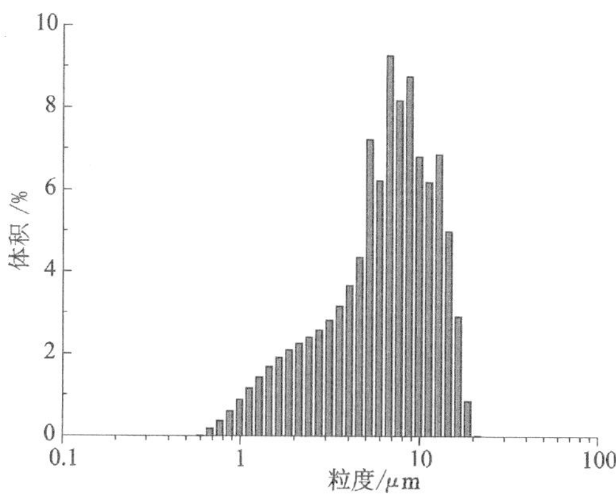


图 5.5 [0,45]区间的煤尘频率分布直方图

利用 Mastersizer 3000E 激光粒度分析仪测量煤尘粒度分布时，需要注意以下几个问题：① 遮光度是测试的重要条件，过低会导致信噪比较差，过高则会导致“多重光散射”，一般保证 0.5%～6%的遮光度，测量结果比较准确；② 煤尘不溶于水会影响煤尘的分散性，导致测量结果偏大，因此首先用少量乙醇均匀分散煤尘，再倒入盛水的测量烧杯中；③ 提高转速时，注意不要产生气泡，原因是气泡对于测试而言，也会像煤尘一样产生散射光。

从表 5.1 和图 5.3 可以看出，过筛后，分布在[58,75]范围内的煤尘约占 80.34%，低于该范围的煤尘比例为 11.29%，分布在[14,58]之间，高于该范围的煤尘比例为 8.37%；从表 5.2 和图 5.4 可以看出，过筛后，分布在[45,58]范围内的煤尘约占 81.88%，低于该范围的煤尘比例为 12.51%，分布在[1.5,45]之间，但呼吸性粉尘仅占 1.15%左右，高于该范围的煤尘比例为 5.61%。表 5.3 和图 5.5 为研磨过 325 网目筛的煤尘粒度分布结果，其中，呼吸性粉尘的比例约为 62.59%，10 μm 以下煤尘占到 80%以上，煤尘最大粒径不超过 20 μm。该结果已经非常接近呼吸性粉尘。这里需要说明的是，由于粒度分布分析时的区间划分与试验结果有所不同，在统计误差允许范围内，上述统计结果比实际的区间范围略大，比如统计[58,78]区间内的煤尘比例就是用表 5.1 中[58.880,76.006]内的煤尘体积分数表示的。

从表 5.1～表 5.3 中的数据还可发现，靠近过筛目数对应的粒径，其比例相对较大，造成这一现象的原因可能是煤尘粒度越接近标准筛目数对应的粒径大小越不易过筛。试验结果出现高于过筛目数对应粒径的原因有两个：一是煤尘颗粒形状为不规则球体，小部分大粒径煤尘在过筛过程也会下落；二是试验过程中煤尘可能未完全分散，导致测量粒径偏大。最终制备的 3 个区间的煤粉粒径如表 5.4 所示。总体而言，煤尘在所属粒径区间内的比例都达到了 80%以上。

**表 5.4 试验用煤尘粒径区间**

| 编号 | 过筛情况 | 粒径区间 |
| --- | --- | --- |
| 1 | 过 200 网目未过 250 网目 | [58,75] |
| 2 | 过 250 网目未过 325 网目 | [45,58] |
| 3 | 过 325 网目 | [0.5,10] |

### 5.2.2 试验装置及步骤

沉降试验在山东科技大学煤矿喷雾降尘试验台上进行。该试验台主要由矿井巷道模拟装置、通风装置、喷雾装置、发尘装置和测尘装置构成，如图 5.6 所示。

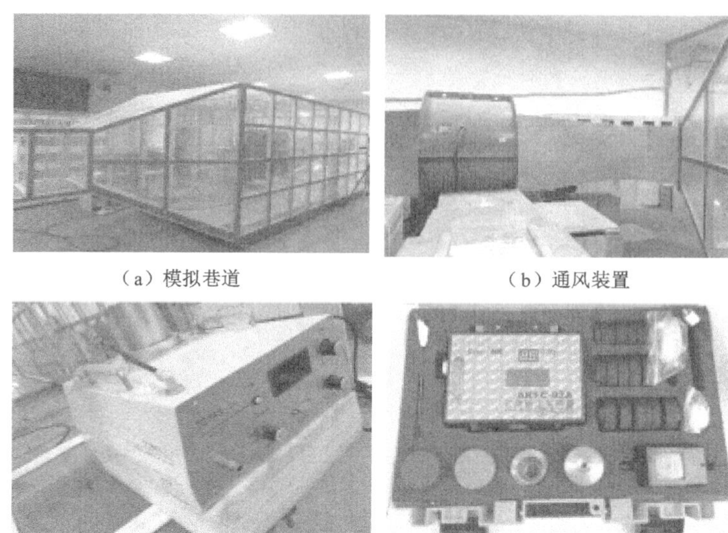

（a）模拟巷道　（b）通风装置

（c）气溶胶发生器　（d）AKFC-92A 型粉尘采样器

图 5.6　喷雾降尘试验台

按照 MT/T 159—2019《矿用除尘器通用技术条件》[172]的规定，沉降试验初始粉尘浓度应在 400～600 mg/m$^3$。因此，试验过程中，气溶胶发生器定量发尘量为 450 mg/m$^3$。根据第 4 章的分析，雾滴在 $X$＝450 mm 和 $X$＝800 mm 时，雾滴处于不同的粒度-速度分区结构中，其速度和粒度分布不同。因此，选择这两个区域作为比较。

具体试验步骤如下：

(1) 开启风机，将风速设为 1.5 m/s。开启喷雾，设定喷雾压力为 2 MPa，将气溶胶发生器分别置于 $X$＝450 mm 和 $X$＝800 mm 处，利用粉尘采样器在下风侧进行粉尘采样。为减少误差，测量 3 次取平均值，根据所测数据可计算得到各个区域的降尘效率。

(2) 将压力设置为 5 MPa，此时，雾滴的速度和粒度分布会有所变化，记录粉尘采样器的运行参数，计算得到降尘率。

### 5.2.3　试验结果与分析

当压力为 2 MPa、$X$＝450～800 mm 时，雾场处于稳定区，雾滴的粒径在 80～110 μm 之间，轴向速度在 4～10 m/s 之间，径向速度在 1～5 m/s 之间。而 $X$＝800 mm 之后，雾场处于衰减区，雾滴的粒径在 95～130 μm 之间，轴向速度在 3～4 m/s 之间，径向速度都在 1 m/s 以下。由此可见，两个区间内的雾滴在粒径和速度方面都有着很大的变化。当压力为 5 MPa、$X$=450～800 mm 和 $X$=800 mm 之后，雾场均处于稳定区，但雾滴特性也发生了变化。$X$=450～800 mm，雾滴的粒径在 70～85 μm 之间，轴向速度在 11～18 m/s 之间，径向速度在 4～9 m/s 之间。而 $X$=800 mm～1000 mm，雾滴的粒径在 70～80 μm 之间，轴向速度在 10～11 m/s 之间，径向速度在 2～3 m/s 之间。由此可见，两个区间内的雾滴粒径分布变化不大，但速度明显减少。利用{(粒径)，(轴向速度)，(径向速度)}标定雾滴的信息，建立煤尘粒径、雾滴特性与降尘率的对应关系如表 5.5 所示。

**表 5.5　不同粒径区间煤尘的沉降效率**

| 测点信息 | 雾滴特性 | 不同粒径煤尘的降尘率/% | | |
|---|---|---|---|---|
| | | [58,75] | [45,58] | [0.5,10] |
| $X$=450 mm(2 MPa) | {(80,110),(4～10),(1～5)} | 60.8% | 52.6% | 28.3% |
| $X$=800 mm(2 MPa) | {(95,130),(3～4),(0～1)} | 54.4% | 45.1% | 26.9% |
| $X$=450 mm(5MPa) | {(70,85),(11～18),(4～9)} | 77.8% | 74.7% | 33.5% |
| $X$=800 mm(5 MPa) | {(70,80),(10～11),(2～3)} | 69.5% | 68.6% | 42.4% |

表 5.5 为计算得到的降尘率统计，根据 Kissell 的研究[30]（图 5.7），喷雾打开后，呼吸性粉尘更容易被喷雾气流吹走，而不是被沉降下来，因此实际被雾滴捕获而沉降的 0.5～10 μm 煤尘可能比测量值更小。

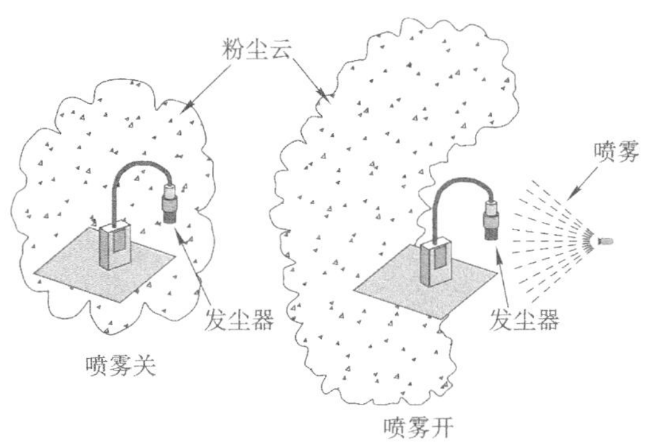


图 5.7　喷雾前后粉尘运移示意图

具体分析如下：2 MPa 下，对 58～75μm 和 45～58 μm 煤尘沉降效率最高的是特征为{(80,110)，(4～10)，(1～5)}的雾滴，分别为 60.8%和 52.6%，比雾滴特征为{(95,130)，(3～4)，(0～1)}时的降尘率分别高出了 6.4%和 7.5%。

5 MPa 下，对 58～75 μm 和 45～58 μm 煤尘沉降效率最高的是特征{(70,85),(11～18),(4～9)}的雾滴，分别为 77.8%和 74.7%，比雾滴特征为{(70,80),(10～11),(2～3)}时的降尘率分别高出了 8.3%和 6.1%。据上述结果可知，45～75 μm 的煤尘符合雾滴与尘粒的尺寸相近，相对速度越大，降尘率越高的规律。实际喷雾降尘过程是雾滴与粉尘多次碰撞沉降的结果，压力越大，单位体积的雾滴数量越多，雾滴与粉尘的碰撞概率越大，这也是压力增大、喷雾降尘效率高的原因之一。

2 MPa 下，不同雾滴特性对 0.5～10 μm 煤尘的降尘效率分别为 28.3%和 26.9%，这说明当 $D_{尘}<10$ μm，并且 $D_{雾滴}>80$ μm，降尘效率很低。而 5 MPa 下，对 0.5～10 μm 煤尘沉降效率最高的是特征为{(70,80),(10～11),(2～3)}的雾滴，为 42.4%，比雾滴特征为{(70,85),(11～18),(4～9)}时的降尘率高出了 8.9%，这说明，当 $D_{尘}<10$ μm，且 $D_{雾滴}=70\sim85$ μm，并非尘雾相对速度越大，降尘率越高。此时，雾滴速度为 10 m/s 左右的降尘效率较好。

## 5.3 雾场降尘区间的划分

第 4 章通过对雾场布置测点，测试了雾场不同位置的粒度-速度分布规律，并得到了喷雾场的粒度-速度分区结构图，而由 5.2.3 节的试验结果可知，尘雾耦合降尘过程中，雾滴与粉尘的参数特性共同作用，从而影响最终的降尘效果。因此，基于雾场每个分区结构里的雾滴特性，并结合粉尘特性研究每个区域的尘雾耦合降尘效果，可确定雾场的有效降尘区间以及最佳降尘区间，这对于指导喷雾降尘装置中喷嘴的选取、安装以及工况参数匹配等方面有重要意义。

煤矿喷雾降尘主要针对 75 μm 以下的粉尘，且实际喷雾压力都在 5 MPa 以上。通过第 4 章 SMD 分析结果可知，5 MPa 下，该类型喷嘴雾场扩张区、稳定区的雾滴粒径在 70～100 μm 之间，速度在 10～25 m/s 之间，根据粒度-速度分区结构可知，衰减区仍会有部分大粒径雾滴继续破碎，这 3 个区域均存在尺寸与沉降粉尘接近的雾滴。因此，扩张区、稳定区和衰减区为喷雾的有效降尘区。另外，稳定区的雾滴分布最均匀，可推测该区间是雾场的最佳降尘区间。

用于沉降呼吸性粉尘的雾滴不宜太小，过小的雾滴润湿粉尘后因增重不够难以沉降，并且雾滴粒径越小，越容易受风流扰动影响或者蒸发，不利于捕尘，还污染了工作面的环境。因此，有效沉降呼吸性粉尘的雾滴粒径必须大于粉尘自身。结合 5.2.3 节中 $D_{尘}<10$ μm 的降尘效率可推测，呼吸性粉尘最佳降尘区间也是在稳定区中后段。据此，可确定喷雾雾场的降尘区间，如图 5.8 所示。

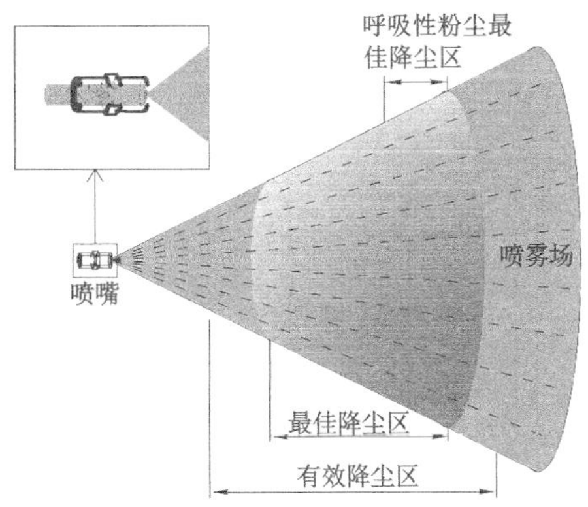


图 5.8 雾场降尘区间划分图

# 6 综采工作面喷雾降尘系统改进与现场应用

尘源不同，粉尘的特性（粒度分布、速度）会有所不同，现有的防尘技术措施虽然有一定效果，但仍未根据不同粉尘特性采取针对性的防尘措施。根据南屯煤矿 $93_{\text{下}}06$ 综采工作面粉尘的主要来源、分布规律，改进该工作面喷雾降尘系统中喷嘴结构，并根据雾场空间分布特性及尘雾耦合降尘特性，对现有的除尘措施进行改进，并在 $93_{\text{下}}06$ 综采工作面进行了实际应用。

## 6.1 南屯煤矿 $93_{\text{下}}06$ 综采工作面概况

$93_{\text{下}}06$ 综采工作面的概况如表 6.1 所示。

**表 6.1 南屯煤矿 $93_{\text{下}}06$ 综采工作面情况表**

| 煤层名称 | $3_{\text{下}}$煤 | 开采水平 | －350 m 水平 | 采区编号 | 九采区 |
|---|---|---|---|---|---|
| 工作面编号 | $93_{\text{下}}06$ 工作面 | 地面标高/m | $\frac{+50.11\sim+54.05}{+52.63}$ | 工作面标高/m | $\frac{-512\sim-651.8}{-581.9}$ |
| 地面位置 | 工作面地面所在位置大部分为农田，工作面西南部、中部有零星建筑物及牲畜棚；一条农用高压线在工作面西南侧沿南北向穿过，新西外环路在工作面中部沿南北向穿过，济邹新路在工作面中部沿东西向穿过；工作面东北约 120 m 有铁西线 35 kV 高压线；距大东章村 261 m | | | | |
| 井下位置及四邻采掘情况 | 工作面南西侧为九采一分区南部胶带巷；工作面东南侧为 $93_{\text{下}}04$ 工作面（开拓中）运顺；工作面北东侧为九采边界胶带巷及九采边界轨道巷；工作面北西侧与九采－440 人行下山相邻；工作面上覆为 $93_{\text{上}}06$、$93_{\text{上}}08$ 采空区；工作面中部位置下伏九采一分区中部轨道巷。工作面北东部为大东章村庄保护煤柱下压煤 | | | | |
| 回采对地面设施影响 | 工作面回采将会引起地面建筑物、农用高压线、通信线、济邹新路及新西外环路的下沉变形，预计破坏等级为Ⅲ级 | | | | |
| 走向长/m | 1 387.3 | 倾斜长/m | 225.7 | 面积/$m^2$ | 313 106 |

该工作面采用伪倾斜长壁综合机械化一次采全高全部垮落采煤法。采煤工序为上（下）端头斜切进刀割煤→移架→推移输送机→下（上）端头斜切进刀割煤，工作面开采时，采煤机采用双向割煤、两端头斜切进刀方式。采煤机选用

MG400/940-WD 型电牵引采煤机，牵引速度为 0～7.11～11.9 m/min，采高为 2 000～3 600 mm，截深为 800 mm，滚筒直径为 1.8 m。中间液压支架选用 ZY6800/19.5/40，共 116 架，移架步距为 900 mm，过渡液压支架选用 ZFS7200/18/35B，共 37 架。喷雾泵型号为 BPW315/16，共计 3 台。

## 6.2 综采工作面喷雾除尘系统优化

### 6.2.1 南屯煤矿 $93_{下}$06 综采工作面粉尘特性分析

目前，综采工作面包含采煤机割煤产尘、移架产尘等一系列产尘工序。根据现场经验，工作面的割煤和移架是主要的产尘点。为了解这两个产尘点的粉尘特性，在 $93_{下}$06 工作面布置 2 个测点，对生产过程中产生的粉尘进行取样，采用 Mastersizer 3000E 激光粒度分析仪对样品进行了分析。同时，通过现场测定仪开启采煤机内喷雾时测点的原始粉尘浓度，具体分析结果见表 6.2，喷雾过程中实测现场的风速为 2 m/s，湿度为 90%。

表 6.2 测尘点粉尘特性分析结果

| 测点位置 | $D_{0.1}/\mu m$ | $D_{0.5}/\mu m$ | $D_{0.9}/\mu m$ | 总尘浓度 /(mg/m³) | 呼尘浓度 /(mg/m³) |
|---|---|---|---|---|---|
| 采煤机司机处 | 1.319 | 9.263 | 40.251 | 987.9 | 429.1 |
| 移架工处 | 3.623 | 18.314 | 69.387 | 723.4 | 227.5 |

通过表 6.2 中的数据可以发现，采煤机司机处的粉尘特性包括：① 粉尘粒径相对较小，9.263 μm 以下的粉尘占到 50%，40.251 μm 以下的粉尘占到 90%；② 呼尘浓度为 429.1 mg/m³，所占比重高达 43%。另外，从现场还可发现采煤机割煤的产尘量大，扩散快（粉尘速度大）。移架工处粉尘特性包括：① 粉尘粒径分散度大，$D_{0.1}$、$D_{0.5}$和 $D_{0.9}$分别为 3.623 μm、18.314 μm 和 69.387 μm；② 呼尘浓度为 227.5 mg/m³，所占比重也超过 30%。

### 6.2.2 喷嘴结构的改进

采煤机司机处粉尘主要来自采煤机工作时上风侧割煤，通过 6.2.1 节的分析可知，该位置的粉尘特点是快速形成高浓度粉尘团，且含有大量呼吸性粉尘。因此，采煤机外喷雾用喷嘴必须具备雾化范围广、雾滴粒径小而均匀的特点，才能第一时间控制粉尘扩散。目前，南屯煤矿 $93_{下}$06 综采工作面采煤机外喷雾使用 1.5 mm 出口直径的旋芯式喷嘴,喷雾压力为 5 MPa。从实际应用来看,出口直径为 1.5 mm 的喷嘴容易堵塞,造成喷雾失效,因此,需要适当增加喷嘴出口直径。基于第 3 章喷嘴内流场模拟结果,对采煤机处安装喷嘴做出优化和改进,将喷嘴出口直径改为 1.8 mm,以增强防堵性能,并且将出口面由标准角改为广角,以增大出口雾化角,将收缩角改为 120°,以加强整流作用,改善速度的稳定性,匹配的入口直径为 6.7 mm。并且将出口圆柱段改为 3 mm,以减小速度损失。根据第 4 章可知,$D$ 值(入口直径与出口直径比)增加后,最明显的特征是出口速度明显降低,喷嘴雾化效果变差。因此需要改进旋芯,增加出口速度,同时保证喷嘴的雾化效果。将旋芯由入口处改为中通段底部,并且将旋芯角度改为 45°。改进后的喷嘴模型如图 6.1 所示,加工后的实物图如图 6.2 所示。具体结构参数如表 6.3 所示。

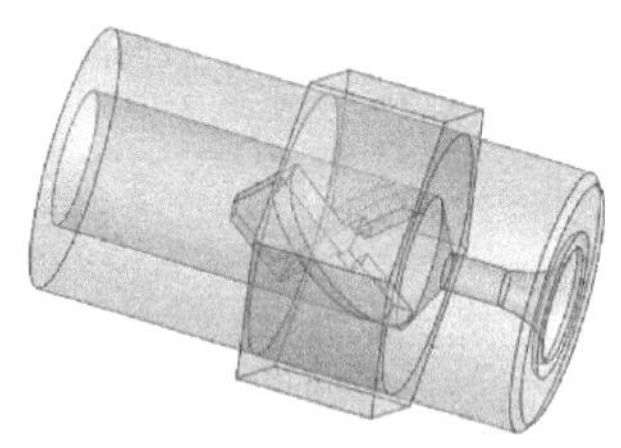

图 6.1　改进后的采煤机外喷雾喷嘴模型图

图 6.2　改进后的采煤机外喷雾用喷嘴实物图

**表 6.3　改进后的采煤机外喷雾用喷嘴的结构参数**

| 参数 | $L_1$/mm | $D_1$/mm | $\alpha_1$/(°) | $D_2$/mm | $L_2$/mm | $A$/mm$^2$ | $\alpha_2$/(°) |
|---|---|---|---|---|---|---|---|
| 数值 | 18 | 6.7 | 120 | 1.8 | 3 | 1 | 45 |

喷嘴改进前后的喷雾对比如图 6.3 所示。从图 6.3 可以看出,改进后的采煤机外喷雾喷嘴雾场覆盖范围大,雾通量增大,单位体积内的雾滴数量增多,这有助于包裹截割头,控制产尘源。利用 PDPA 测量 5 MPa 下改进喷嘴粒度和速

度分布情况，测试结果表明，5 MPa 下稳定区的雾滴粒度在 50～80 μm 之间，速度在 10～20 m/s 之间。针对采煤机区域呼吸性粉尘比例高的特点，以及采煤现场易受风流扰动的影响，现场喷雾时将压力调整到 7 MPa，增强抗扰动性的同时增加稳定区的长度，提高雾滴与粉尘的碰撞概率。

(a) 改进前

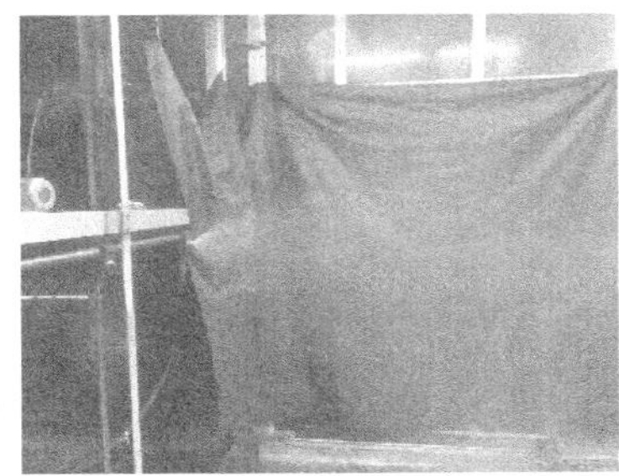
(b) 改进后

图 6.3 采煤机外喷雾用喷嘴改进前后的喷雾对比图

$93_{下}06$ 综采工作面液压支架架间喷雾为普通架间喷雾装置。由于液压支架喷雾对射程有一定要求，因此，实际降尘中会选择提高压力来增加射程。这就导致雾场的雾化角收缩，另外会造成雾滴的速度过高，对呼吸性粉尘的捕获能力下降。基于上述分析，对架间喷雾安装喷嘴改进的关键是保证雾化效果的前提下尽量增加射程。因此，将喷嘴出口直径改为 1.8 mm，增加射程的同时增强喷嘴防堵性能，同时将旋芯置于腔体底部，仍选择标准角，具体结构参数如表 6.4 所示，喷嘴模型如图 6.4 所示，加工后实物图如图 6.5 所示。

**表 6.4 改进后的架间喷雾用喷嘴的结构参数**

| 参数 | $L_1$/mm | $D_1$/mm | $\alpha_1$/(°) | $D_2$/mm | $L_2$/mm | $A$/mm² | $\alpha_2$/(°) |
|---|---|---|---|---|---|---|---|
| 数值 | 15 | 6.7 | 120 | 1.8 | 6 | 1 | 45 |

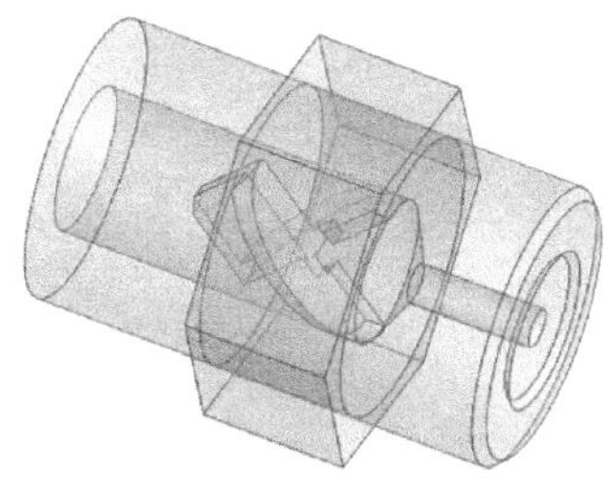

图 6.4 改进后的架间喷雾喷嘴模型图

图 6.5　改进后的架间喷雾用喷嘴实物图

利用第 4 章的 PDPA 测试改进后的架间喷雾喷嘴的雾化性能，测试结果表明，5 MPa 下稳定区的雾滴粒度在 60～85 $\mu$m 之间，速度在 14～24 m/s 之间。选择 5 MPa 作为工作压力，既保证喷雾射程，又可避免高压喷雾造成的二次扬尘，改善降尘效果。

## 6.3　现场应用及降尘效果分析

在南屯煤矿 $93_{下}06$ 综采工作面上安装使用优化的降尘喷嘴，并按照匹配的工作压力进行喷雾降尘，现场应用效果如图 6.6 所示，期间实测现场的风速和湿度变化不大，对优化喷嘴前后喷雾降尘效果的影响可忽略。分别测定采煤机司机处、移架工处的粉尘浓度，计算降尘率，并同采用原有喷嘴时的降尘率进行对比分析，检验改进后的喷嘴降尘效果。改进前后各工序的粉尘浓度及降尘率结果如表 6.5 和表 6.6 所示，具体对比关系如图 6.7 所示。

图 6.6　改进喷嘴后的现场应用效果图

**表 6.5 使用原喷嘴时的降尘效果**

| 测点位置 | 总尘浓度 /(mg/m³) | 呼尘浓度 /(mg/m³) | 总尘降尘率 /% | 呼尘降尘率 /% |
|---|---|---|---|---|
| 采煤机司机处 | 359.5 | 177.7 | 63.6 | 58.6 |
| 移架工处 | 285.3 | 96.9 | 60.6 | 57.4 |

**表 6.6 使用改进后喷嘴的降尘效果**

| 测点位置 | 总尘浓度 /(mg/m³) | 呼尘浓度 /(mg/m³) | 总尘降尘率 /% | 呼尘降尘率 /% |
|---|---|---|---|---|
| 采煤机司机处 | 167.1 | 84.5 | 83.1 | 80.3 |
| 移架工处 | 134.9 | 48.8 | 81.4 | 78.5 |

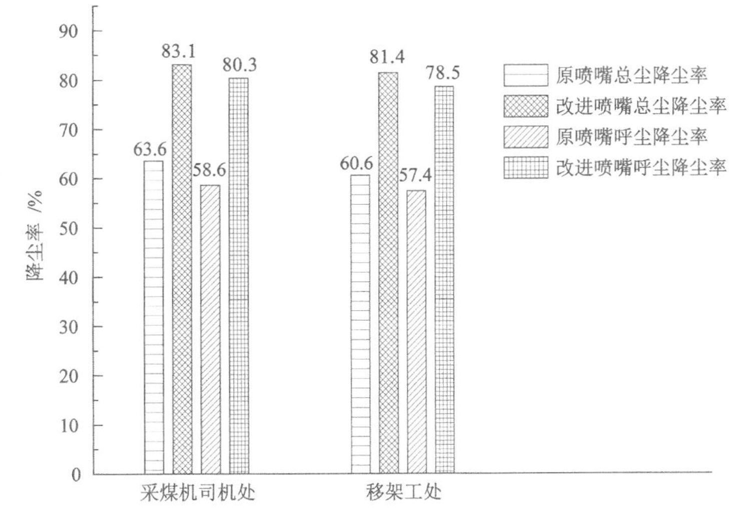


图 6.7 改进喷嘴前后测点的降尘率

通过表 6.5 和表 6.6 可以看出，采用改进喷嘴后的喷雾系统，采煤机司机处和移架工处的降尘率较原有喷嘴喷雾时的降尘效果有了较大程度的提高，两个测点总尘和呼尘的降尘率都达到了 80% 左右。采煤机司机处总尘和呼尘浓度由仅开启采煤机内喷雾时的 987.9 mg/m³ 和 429.1 mg/m³ 分别降至 167.1 mg/m³ 和 84.5 mg/m³，移架工处的总尘和呼尘浓度由仅开启采煤机内喷雾时的 723.4 mg/m³ 和 227.5 mg/m³ 分别降至 134.9 mg/m³ 和 48.8

mg/m³。图 6.7 对比了采取改进喷嘴前后的总尘和呼尘降尘率，采煤机司机处总尘降尘率由原来的 63.6%提高到 83.1%，提高了 19.5%，呼尘降尘率由原来的 58.6%提高到 80.3%，提高了 21.7%，可见，改进后的喷雾系统对改善呼尘的降尘效率更明显。移架工处的总尘降尘率由原来的 60.6%提高到 81.4%，提高了20.8%，呼尘降尘率由原来的 57.4%提高到 78.5%，提高了 21.1%，此处呼尘的降尘效率增长明显。这充分说明改进喷嘴以及基于尘雾耦合特性关系来确定雾场的布置可有效防止采煤和移架产生的粉尘，提高了工作面的降尘效率，改善了工作面的作业环境，保障了矿工的安全健康。

# 参考文献

[1] KURNIA J C, SASMITO A P, MUJUMDAR A S. Dust dispersion and management in underground mining faces[J]. International Journal of Mining Science and Technology, 2014, 24(1): 39-44.

[2] GENG F, LUO G, ZHOU F B, et al. Numerical investigation of dust dispersion in a coal roadway with hybrid ventilation system[J]. Powder Technology, 2017, 313: 260-271.

[3] JI Y L, REN T, WYNNE P, et al. A comparative study of dust control practices in Chinese and Australian longwall coal mines[J]. International Journal of Mining Science and Technology, 2016, 26(2): 199-208.

[4] ZHOU G, ZHANG Q, BAI R N, et al. The diffusion behavior law of respirable dust at fully mechanized caving face in coal mine: CFD numerical simulation and engineering application [J]. Process Safety and Environmental Protection, 2017, 106: 117-128.

[5] LIU X H, LIU S Y, TANG P. Coal fragment size model in cutting process [J]. Powder Technology, 2015, 272: 282-289.

[6] NIE W, CHENG W M, ZHANG L, et al. Optimization research of hydraulic support in fully mechanized caving face [J]. Procedia Engineering, 2014, 84: 770-778.

[7] 孟君. 综采工作面气水喷雾粉尘防治技术及管理研究[D]. 北京：中国矿业大学(北京)，2013.

[8] PROSTAЙSKI D. Use of air-and-water spraying systems for improving dust control in mines[J]. Journal of Sustainable Mining, 2013, 12(2): 29-34.

[9] 夏伟. 新型磁化雾降尘技术及煤尘润湿剂研究[D]. 徐州：中国矿业大学，2015.

[10] 聂文，程卫民，周刚，等. 掘进机外喷雾负压二次降尘装置的研制与应用[J]. 煤炭学报，2014，39(12)：2446-2452.

[11] 马中飞，张于祥，杨秀莉，等. 自吸式喷雾降尘性能试验[J]. 排灌机械工程学报，2012，30(1)：97-101.

[12] 秦晓程. 矿用自动喷雾降尘系统的设计与实现[D]. 大连：大连理工大学，2016.

[13] SHEIKHNEJAD Y，AGHAMOLAEI R，FALLAHPOUR M，et al. Airborne and aerosol pathogen transmission modeling of respiratory events in buildings：an overview of computational fluid dynamics[J]. Sustainable Cities and Society，2022，79：1-28.

[14] COURTNEY W G，CHENG L. Control of respirable dust by improved water sprays[C]//Respirable Dust Control—Proceedings of Technology Transfer Seminars. Pittsburgh，PA：US Bureau of Mines，1977：92-108.

[15] FORD V. Bottom belt sprays as a method of dust control on conveyors [J]. Mining Technology (UK)，1973：387-391.

[16] GOLDBECK L J，MARTI A D. Dust control at conveyor transfer points：containment，suppression and collection[J]. Bulk solids handling，1996，16(3)：367-372.

[17] 张安明，郭科社. 高压喷雾降尘的原理及其应用[J]. 煤矿安全，1998，29(4)：2-5.

[18] JAYARAMAN N I，JANKOWSKI R A. Atomization of water sprays for quartz dust control[J]. Applied Industrial Hygiene，1988，3(12)：327-331.

[19] FAETH G M，HSIANG L P，WU P K. Structure and breakup properties of sprays[J]. International Journal of Multiphase Flow，1995，21：99-127.

[20] 马素平，寇子明. 用于喷雾降尘的压力型雾化喷嘴设计研究[J]. 矿山机械，2006，34(1)：67-68.

[21] 李明忠，赵国瑞. 基于有限元仿真分析的高压雾化喷嘴设计及参数优化[J]. 煤炭学报，2015，40(S1)：279-284.

[22] 吴琼. 综采工作面喷雾降尘机理及高效降尘喷嘴改进研究[D]. 阜新：辽宁工程技术大学，2007.

[23] 龚景松，傅维镳. 一种新型喷嘴的提出及其流量特性的研究[J]. 工程热物理学报，2005，26(3)：507-510.

[24] 王文靖，蒋仲安，陈举师，等. 不同结构喷嘴内外流场的数值模拟分析[J]. 煤矿安全，2013，44(11)：162-165.

[25] PROSTAЙSKI D. Use of air-and-water spraying systems for improving dust control in mines[J]. Journal of Sustainable Mining，2013，12(2)：29-34.

[26] POLLOCK D，ORGANISCAK J. Airborne dust capture and induced

airflow of various spray nozzle designs[J]. Aerosol Science and Technology,2007,41(7):711-720.

[27] PAWAR S K,HENRIKSON F,FINOTELLO G,et al. An experimental study of droplet-particle collisions[J]. Powder Technology,2016,300:157-163.

[28] MCCOY J F,SCHROEDER W E,RAJAN S R,et al. New laboratory measurement method for water spray dust control effectiveness[J]. American Industrial Hygiene Association Journal,1985,46(12):735-740.

[29] PROSTAЙSKI D. Use of air-and-water spraying systems for improving dust control in mines[J]. Journal of Sustainable Mining,2013,12(2):29-34.

[30] KISSELL F N. Handbook for dust control in mining[R]. Pittsburgh :US Department of Health and Human Services,2003.

[31] SIRIGNANO W A. Fluid dynamics and transport of droplets and sprays[M]. Cambridge:Cambridge University Press,2009.

[32] 林嘉璧. 谈水湿润粉尘的机理[J]. 煤炭科学技术,1983,11(3):45-47.

[33] 马素平,寇子明. 喷雾降尘效率及喷雾参数匹配研究[J]. 中国安全科学学报,2006,16(5):84-88.

[34] WU K J,SANTAVICCA D A,BRACCO F V,et al. LDV measurements of drop velocity in diesel-type sprays[J]. AIAA Journal,1984,22(9):1263-1270.

[35] HUSTED B P,PETERSSON P,LUND I,et al. Comparison of PIV and PDA droplet velocity measurement techniques on two high-pressure water mist nozzles[J]. Fire Safety Journal,2009,44(8):1030-1045.

[36] KADAMBI J R,MARTIN W T,AMIRTHAGANESH S,et al. Particle sizing using particle imaging velocimetry for two-phase flows[J]. Powder Technology,1998,100(2/3):251-259.

[37] DELACOURT E,DESMET B,BESSON B. Characterisation of very high pressure diesel sprays using digital imaging techniques[J]. Fuel,2005,84(7/8):859-867.

[38] 赵云惠,侯木玉,孔祥祯,等. 喷咀雾化液滴尺寸分布的研究[J]. 北京航空学院学报,1984,10(3):47-61.

[39] 李文凯,吴玉新,黄志民,等. 激光粒度分析和筛分法测粒径分布的比较[J]. 中国粉体技术,2007,13(5):10-13.

[40] 刘江虹,朱伟,廖光煊. LDV/APV 系统研究纵向通风作用下细水雾雾场特性[J]. 中国工程科学,2012,14(11):75-81.

[41] 贾卫东,李萍萍,邱白晶,等. PDPA 在喷嘴雾化特性试验研究中的应用[J]. 中国农村水利水电,2008(9):70-72.

[42] LI T, NISHIDA K, HIROYASU H. Droplet size distribution and evaporation characteristics of fuel spray by a swirl type atomizer[J]. Fuel,2011,90(7):2367-2376.

[43] KLEIN-DOUWEL R J H,FRIJTERS P J M,SOMERS L M T,et al. Macroscopic diesel fuel spray shadowgraphy using high speed digital imaging in a high pressure cell[J]. Fuel,2007,86(12/13):1994-2007.

[44] 张永良. 离心喷嘴雾化特性实验研究和数值模拟[D]. 北京:中国科学院研究生院(工程热物理研究所),2013.

[45] ENOMOTO M,DEVARAJ B,KOBAYASHI M,et al. Studies on laser computed tomography measurements of human teeth using coherent detection imaging method[J]. The Journal of Japan Society for Laser Surgery and Medicine,1998,19(1):1-12.

[46] 周林华. SNCR 气力式雾化喷嘴雾化特性的实验研究[D]. 杭州:浙江大学,2007.

[47] CHARINPANITKUL T,TANTHAPANICHAKOON W. Deterministic model of open-space dust removal system using water spray nozzle: effects of polydispersity of water droplet and dust particle[J]. Separation and Purification Technology,2011,77(3):382-388.

[48] RIZK N,CHIN J. Comprehensive fuel nozzle model[C]//30th Joint Propulsion Conference and Exhibit. 27 June 1994 - 29 June 1994, Indianapolis,IN. Reston,Virginia:AIAA,1994:3278.

[49] LI X G,TANKIN R S. On the prediction of droplet size and velocity distributions in sprays through maximum entropy principle[J]. Particle & Particle Systems Characterization,1992,9(1/2/3/4):195-201.

[50] URBÁN A,ZAREMBA M,MALY M,et al. Droplet dynamics and size characterization of high-velocity airblast atomization[J]. International Journal of Multiphase Flow,2017,95:1-11.

[51] 程卫民,聂文,周刚,等. 煤矿高压喷雾雾化粒度的降尘性能研究[J]. 中国矿业大学学报,2011,40(2):185-189.

[52] 程卫民,周刚,左前明,等. 喷嘴喷雾压力与雾化粒度关系的实验研究[J].

煤炭学报,2010,35(8):1308-1313.

[53] 周刚,程卫民,王刚,等.综放工作面粉尘场与雾滴场耦合关系的实验研究[J].煤炭学报,2010,35(10):1660-1664.

[54] 周刚,聂文,程卫民,等.煤矿综放工作面高压雾化降尘对粉尘颗粒微观参数影响规律分析[J].煤炭学报,2014,39(10):2053-2059.

[55] 王鹏飞,刘荣华,汤梦,等.煤矿井下高压喷雾雾化特性及其降尘效果实验研究[J].煤炭学报,2015,40(9):2124-2130.

[56] 王鹏飞,刘荣华,汤梦,等.喷嘴直径对降尘效果影响的试验研究[J].中国安全科学学报,2015,25(3):114-120.

[57] 王信群,秦俊,谢正文,等.三维 LDV/APV 系统在降尘喷嘴雾特性参数测量中的应用[J].煤炭学报,2010,35(2):269-272.

[58] 聂涛,高贵军.压力旋流喷嘴雾化特性的实验研究[J].科学技术与工程,2016,16(7):162-164.

[59] 范明豪,刘英卫,周华,等.直射式高压喷嘴雾化分析[J].中国机械工程,2005,16(19):1769-1772.

[60] 刘志超.直通式旋流细水雾喷嘴雾化理论分析及灭火实验研究[D].成都:西南交通大学,2008.

[61] RAYLEIGH L. On the instability of jets[J]. Proceedings of the London Mathematical Society,1878,(1):4-13.

[62] WEBER C. Disintegration of liquid jets[J]. Zeitschrift fur Angewandte Mathematik und Mechanik,1931,11(2):136-159.

[63] TAYLOR G I. The spectrum of turbulence[J]. Proceedings of the Royal Society of London Series A - Mathematical and Physical Sciences,1938,164(919):476-490.

[64] OHNESORGE W. Formation of drops by nozzles and the breakup of liquid jets[J]. Journal of Applied Mathematics and Mechanics,1936,16(4):355-358.

[65] REITZ R D,BRACCO F V. Mechanism of atomization of a liquid jet[J]. The Physics of Fluids,1982,25(10):1730-1742.

[66] LI X G. Mechanism of atomization of a liquid jet[J]. Atomization and Sprays,1995,66(1):113-120.

[67] YANG H Q. Asymmetric instability of a liquid jet[J]. Physics of Fluids A:Fluid Dynamics,1992,4(4):681-689.

[68] CHAUDHARY K C,REDEKOPP L G. The nonlinear capillary instability

of a liquid jet. Part 1. Theory[J]. Journal of Fluid Mechanics,1980,96(2):257-274.

[69] ALTERMAN Z. Capillary instability of a liquid jet[J]. The Physics of Fluids,1961,4(8):955-962.

[70] MASHAYEK F,ASHGRIZ N. Nonlinear instability of liquid jets with thermocapillarity[J]. Journal of Fluid Mechanics,1995,283:97-123.

[71] ELCOOT E K A. Nonlinear instability of charged liquid jets: effect of interfacial charge relaxation[J]. Physica A:Statistical Mechanics and Its Applications,2007,375(2):411-428.

[72] 史绍熙,郗大光,刘宁,等.高速液体射流初始阶段的破碎[J].内燃机学报,1996,14(4):349-354.

[73] 史绍熙,林玉静,杜青,等.射流参数对旋流雾化的影响[J].燃烧科学与技术,1999,5(1):1-6

[74] 史绍熙,郗大光,秦建荣,等.液体射流的非轴对称破碎[J].燃烧科学与技术,1996,2(3):189-199.

[75] 史绍熙,郗大光,秦建荣,等.液体射流结构特征的理论分析[J].燃烧科学与技术,1996,2(4):307-314.

[76] 杜青,刘宁,杨延相,等.受激液体燃料射流表面波规律初探[J].内燃机学报,2001,19(6):511-516.

[77] 杜青,郭津,孟艳玲,等.旋转气体介质对环膜液体射流破碎不稳定性影响的研究[J].内燃机学报,2007,25(3):217-222.

[78] 曹建明,冯振宇.液膜喷射色散关系式的非线性稳定性推导[J].长安大学学报(自然科学版),2009,29(6):93-97.

[79] 严春吉.液体射流分裂雾化机理及内燃机缸内工作过程的模拟[D].大连:大连海事大学,2005.

[80] 严春吉,解茂昭.空心圆柱形液体射流分裂与雾化机理的研究[J].水动力学研究与进展(A辑),2001,16(2):200-208.

[81] 严春吉,解茂昭.气动力对空心圆柱形液体射流分裂与雾化特性的影响[J].大连海事大学学报,1998,24(2):85-89.

[82] 高永强,魏明锐,谭保华,等.基于OpenFOAM的喷孔内部流动与近场雾化的数值模拟[J].中国机械工程,2016,27(1):79-84.

[83] 张光通.旋流喷嘴雾化特性的仿真与实验研究[D].秦皇岛:燕山大学,2016.

[84] 沈娟.高压水射流喷嘴的设计及其结构优化[D].苏州:苏州大学,2014.

[85] 黄飞.水射流冲击瞬态动力特性及破岩机理研究[D].重庆:重庆大学,2015.

[86] 韩启龙,马洋.喷嘴结构对高压水射流影响及结构参数优化设计[J].国防科技大学学报,2016,38(3):68-74.

[87] 顾北方.高压水射流割缝煤体损伤演化规律研究与应用[D].北京:中国矿业大学(北京),2016.

[88] KO G H,RYOU H S. Modeling of droplet collision-induced breakup process[J]. International Journal of Multiphase Flow,2005,31(6):723-738.

[89] 范明豪,周华,朱畅,等.细水雾灭火喷嘴的雾化特性测量[J].浙江大学学报(工学版),2005,39(9):1431-1434.

[90] GRANT R P, MIDDLEMAN S. Newtonian jet stability[J]. AIChE Journal,1966,12(4):669-678.

[91] RANZ W E. Applications of a stretch model to mixing, diffusion, and reaction in laminar and turbulent flows[J]. AIChE Journal,1979,25(1):41-47.

[92] HAN L C,LUO H A,LIU Y J. A theoretical model for droplet breakup in turbulent dispersions[J]. Chemical Engineering Science,2011,66(4):766-776.

[93] TURNER M R,SAZHIN S S,HEALEY J J,et al. A breakup model for transient Diesel fuel sprays[J]. Fuel,2012,97:288-305.

[94] 张雨树,薛雷平.液滴二次雾化破碎模式数值模拟[J].力学季刊,2015,36(4):574-585.

[95] 魏明锐,沃傲波,文华.燃油喷雾初始破碎及二次雾化机理的研究[J].内燃机学报,2009,27(2):128-133.

[96] 侯腾彦,高贵军,刘邱祖.矿用风水雾化器液滴破碎机理及其降尘效率研究[J].矿山机械,2014,42(7):132-135.

[97] 王晓倩,张德生,赵继云,等.雾化喷嘴及其设计浅析[J].煤矿机械,2008,29(3):15-17.

[98] 苏倩,郑闽锋,陈泽全,等.压力雾化喷嘴在受限空间气流中喷雾特性的实验研究[J].化工机械,2013,40(6):733-737.

[99] 刘丽艳,杨静,孔庆森,等.空气雾化喷嘴的液滴雾化性能实验研究[J].化学工业与工程,2013,30(3):60-65.

[100] 李营.柴油机燃油喷射雾化特性及其影响因素分析的理论研究[D].南京:南京理工大学,2014.

[101] 杨俊磊，庄学安．基于多指标正交实验的高压雾化喷嘴优选[J]．煤矿安全，2016，47(4)：52-55.

[102] 张建平，任亚鹏，潘艳．除尘旋流雾化喷嘴仿真及 CFD 流场分析[J]．煤矿机械，2014，35(10)：47-49.

[103] 赵娜．液体工质在小尺度空间喷雾特性的实验研究与数值模拟[D]．南京：南京理工大学，2013.

[104] 丁小勇，魏秀业，刘邱祖，等．煤矿喷雾降尘系统雾化喷嘴的 CFD 数值仿真研究[J]．矿山机械，2014，42(6)：127-131.

[105] 徐行，郭志辉，边寿华．直射式喷嘴喷雾特性的实验研究[J]．航空动力学报，1997，12(4)：6-9，98.

[106] 聂涛．旋流式喷嘴雾化特性研究[D]．太原：太原理工大学，2016.

[107] 廖义德．高压细水雾灭火系统关键技术及其灭火性能研究[D]．武汉：华中科技大学，2008.

[108] 付必伟，赵江，王斌，等．喷嘴结构对射流特性的影响[J]．清洗世界，2013，29(1)：15-18.

[109] 李志艳，赖成．压力型雾化等径喷嘴流场特性的有限元模拟[J]．中国粉体技术，2016，22(4)：44-46.

[110] MADSEN J, SOLBERG T, HJERTAGER B H. Numerical simulation of internal flow in a large-scale pressure-swirl atomiser[C]//19th International Conference on Liquid Atomization and Spray Systems, Nottingham, 2004.

[111] GAO D, MORLEY N B, DHIR V. Numerical simulation of wavy falling film flow using VOF method[J]. Journal of Computational Physics, 2003, 192(2): 624-642.

[112] HIRT C W, NICHOLS B D. Volume of fluid (VOF) method for the dynamics of free boundaries[J]. Journal of Computational Physics, 1981, 39(1): 201-225.

[113] GROSSHANS H, SZASZ R Z, FUCHS L. Development of a combined VOF-LPT method to simulate two-phase flows in various regimes[J]. International Symposium Series on Turbulence and Shear Flow Phenomena, 2007.

[114] LING Y, ZALESKI S, SCARDOVELLI R. Multiscale simulation of atomization with small droplets represented by a Lagrangian point-particle model[J]. International Journal of Multiphase Flow, 2015, 76: 122-143.

[115] ZHU J, CHIN J. The study on the interdependence of spray characteristics and evaporation history of fuel spray in high temperature air crossflow[C]// 22nd Joint Propulsion Conference. 16 June 1986-18 June 1986, Huntsville, AL. Reston, Virginia: AIAA, 1986: 1528.

[116] HIRT C W, AMSDEN A A, COOK J L. An arbitrary Lagrangian-eulerian computing method for all flow speeds [J]. Journal of Computational Physics, 1997, 135(2): 203-216.

[117] 王雄. 圆孔射流近场湍流特性 DNS 与 RANS、LES 的对比研究[D]. 杭州: 浙江大学, 2010.

[118] JIANG X, SIAMAS G A, JAGUS K, et al. Physical modelling and advanced simulations of gas-liquid two-phase jet flows in atomization and sprays[J]. Progress in Energy and Combustion Science, 2010, 36(2): 131-167.

[119] ISHIMOTO J, HOSHINA H, TSUCHIYAMA T, et al. Integrated simulation of the atomization process of a liquid jet through a cylindrical nozzle[J]. Interdisciplinary Information Sciences, 2007, 13(1): 7-16.

[120] STOLARSKI T, NAKASONE Y, YOSHIMOTO S. Engineering analysis with ANSYS software[M]. [S. l. ]: Elsevier, 2018.

[121] 胡鹤鸣. 旋转水射流喷嘴内部流动及冲击压强特性研究[D]. 北京: 清华大学, 2008.

[122] 邱庆刚, 刘丽娜. 喷嘴结构对流场性能影响的研究[J]. 石油化工高等学校学报, 2011, 24(1): 68-72.

[123] 梁钦, 高贵军, 刘邱祖. 压力型雾化喷嘴射流喷雾气-液两相流数值模拟[J]. 中国粉体技术, 2015, 21(2): 5-9.

[124] 赵子行. 旋转射流破碎雾化机理的实验研究[D]. 天津: 天津大学, 2010.

[125] 王海刚, 刘石. 不同湍流模型在内燃机缸内流动过程数值模拟中的应用和比较[J]. 燃烧科学与技术, 2004, 10(1): 66-71.

[126] 赵丽娟, 黄凯, 洪侠, 等. 基于 FLUENT 的掘进机外喷雾降尘系统相似参数的探讨[J]. 中国安全生产科学技术, 2016, 12(6): 65-70.

[127] STEVENIN C, VALLET A, TOMAS S, et al. Eulerian atomization modeling of a pressure-atomized spray for sprinkler irrigation [J]. International Journal of Heat and Fluid Flow, 2016, 57: 142-149.

[128] SHINJO J, UMEMURA A. Simulation of liquid jet primary breakup: dynamics of ligament and droplet formation[J]. International Journal of

Multiphase Flow,2010,36(7):513-532.

[129] HAN F W,WANG D M,JIANG J X,et al. A new design of foam spray nozzle used for precise dust control in underground coal mines[J]. International Journal of Mining Science and Technology,2016,26(2):241-246.

[130] LÓPEZ J J, SALVADOR F J, DE LA GARZA O A, et al. A comprehensive study on the effect of cavitation on injection velocity in diesel nozzles[J]. Energy Conversion and Management, 2012, 64:415-423.

[131] 余明高,李喜玲.喷头设计参数对雾场特性影响分析[J].煤炭科学技术,2007,35(6):55-59.

[132] 刘洋.旋芯喷嘴结构及雾化特性研究[D].武汉:武汉工程大学,2015.

[133] BRETON K,FLECK B A,NOBES D S. A parametric study of a flash atomized water jet using a phase Doppler particle analyzer[J]. Atomization and Sprays,2013,23(9):799-817.

[134] TAMHANE T V,JOSHI J B,MUDALI K,et al. Measurement of drop size characteristics in annular centrifugal extractors using phase Doppler particle analyzer (PDPA)[J]. Chemical Engineering Research and Design,2012,90(8):985-997.

[135] MYCHKOVSKY A G,CECCIO S L. LDV measurements and analysis of gas and particulate phase velocity profiles in a vertical jet plume in a 2D bubbling fluidized bed Part Ⅲ: the effect of fluidization[J]. Powder Technology,2012,220:37-46.

[136] TSOCHATZIDIS N A, GUIRAUD P, WILHELM A M, et al. Determination of velocity,size and concentration of ultrasonic cavitation bubbles by the phase-Doppler technique[J]. Chemical Engineering Science,2001,56(5):1831-1840.

[137] 肖进,黄震,乔信起.基于激光多普勒技术测量研究二甲醚-柴油混合燃料喷雾速度和粒度分布规律[J].中国科学(E辑:技术科学),2009,39(8):1448-1456.

[138] 秦俊,廖光煊,王喜世,等.细水雾流场三维LDV测量[J].量子电子学报,2001,18(3):281-284.

[139] 盛森芝,徐月亭,袁辉靖.近十年来流动测量技术的新发展[J].力学与实践,2002,24(5):1-14.

[140] 郭恒杰,李雁飞,徐宏明,等.基于三维 PDPA 的旋流式 GDI 喷油器喷雾特性[J].内燃机学报,2015,33(4):335-341.

[141] 朱良.基于速度粒度场的喷嘴雾化特性实验与应用研究[D].青岛:山东科技大学,2015.

[142] 姜光军.喷嘴内燃油流动及其喷射雾化特性研究[D].武汉:华中科技大学,2016.

[143] 周刚,程卫民,聂文,等.高压喷雾射流雾化及水雾捕尘机理的拓展理论分析[J].重庆大学学报,2012,35(3):121-126.

[144] LINNE M. Imaging in the optically dense regions of a spray:a review of developing techniques[J]. Progress in Energy and Combustion Science, 2013,39(5):403-440.

[145] 曹建明,陈文凤.柴油机雾化油滴尺寸和速度联合分布的理论和实验研究[J].内燃机,2015(4):17-21.

[146] DONG Q,LONG W Q,ISHIMA T,et al. Spray characteristics of V-type intersecting hole nozzles for diesel engines[J]. Fuel,2013,104:500-507.

[147] SALVADOR F J, ROMERO J V, ROSELLÓ M D, et al. Numerical simulation of primary atomization in diesel spray at low injection pressure[J]. Journal of Computational and Applied Mathematics,2016, 291:94-102.

[148] NOWRUZI H,GHASSEMI H,AMINI E,et al. Prediction of impinging spray penetration and cone angle under different injection and ambient conditions by means of CFD and ANNs[J]. Journal of the Brazilian Society of Mechanical Sciences and Engineering,2017,39(10):3863-3880.

[149] CHANDER S, ALABOYUN A R, APLAN F F. On the mechanism of capture of coal dust particles by sprays[C]//Proceedings of the Third Symposium on Respirable Dust in the Mineral Industries. Littleton, Society for Mining, Metallurgy & Exploration, 1991:193-202.

[150] 丁小勇.煤矿喷雾降尘雾化机理及仿真研究[D].太原:中北大学,2015.

[151] POLLOCK D, ORGANISCAK J. Airborne dust capture and induced airflow of various spray nozzle designs [J]. Aerosol Science and Technology,2007,41(7):711-720.

[152] 聂文,彭慧天,晋虎,等.喷雾压力影响采煤机外喷雾喷嘴雾化特性变化规律[J].中国矿业大学学报,2017,46(1):41-47.

[153] 张延松.高压喷雾及其在煤矿井下粉尘防治中的应用[J].重庆环境科学,

1994,16(6):32-36

[154] 马素平,寇子明.喷雾降尘效率的研究与分析[J].太原理工大学学报,2006,37(3):327-330.

[155] 聂文,程卫民,周刚,等.掘进面喷雾雾化粒度受风流扰动影响实验研究[J].中国矿业大学学报,2012,41(3):378-383.

[156] 王海宾,黄书祥,马有营,等.基于喷嘴雾化参数的采掘工作面喷雾压力优化实验研究[J].煤炭工程,2016,48(12):91-94.

[157] 侯腾彦.离心式雾化装置研究[D].太原:太原理工大学,2014.

[158] 刘昉,张晓军,张龑.水射流雾滴谱试验研究[J].水力发电学报,2012,31(1):118-122.

[159] CHENG L. Collection of airborne dust by water sprays[J]. Industrial & Engineering Chemistry Process Design and Development,1973,12(3):221-225.

[160] REN T,WANG Z W,COOPER G. CFD modelling of ventilation and dust flow behaviour above an underground Bin and the design of an innovative dust mitigation system[J]. Tunnelling and Underground Space Technology,2014,41:241-254.

[161] WALTON W H,WOOLCOCK A. The suppression of airborne dust by water spray[J]. International Journal of Air Pollution,1960,3:129-153.

[162] MOHEBBI A,TAHERI M,FATHIKALJAHI J,et al. Simulation of an orifice scrubber performance based on Eulerian/Lagrangian method[J]. Journal of Hazardous Materials,2003,100(1/2/3):13-25.

[163] 李刚.高效水雾降尘技术的实验研究及工程应用[D].湘潭:湖南科技大学,2009.

[164] 李新宏.高压喷雾在掘进工作面应用研究[D].西安:西安科技大学,2011.

[165] 刘荣华.综采工作面隔尘理论及应用研究[D].长沙:中南大学,2010.

[166] 句海洋.综采工作面喷雾降尘理论及应用研究[D].廊坊:华北科技学院,2015.

[167] 罗跃勇,周群,张广军.煤矿降尘用高压射流雾化喷嘴的研制[J].煤矿开采,2002,7(2):60-62.

[168] 宁仲良,方慎权.采煤机喷雾降尘主要参数选择的研究[J].西安矿业学院学报,1984,4(1):94-112.

[169] 马素平,寇子明.喷雾降尘机理的研究[J].煤炭学报,2005,30(3):297-300.

[170] 王鹏飞,刘荣华,桂哲,等.煤矿井下气水喷雾雾化特性及降尘效率理论研究[J].煤炭学报,2016,41(9):2256-2262.

[171] 和瑞莉.激光法与筛分法泥沙颗粒测试浅析[J].中国粉体技术,2005,11:181-184.

[172] 中国煤炭标准协会.矿用除尘器通用技术条件:MT/T 159—2019 [S].北京:应急管理出版社,2020.